LOCUS

LOCUS

LOCUS

LOCUS

touch

對於變化，我們需要的不是觀察。而是接觸。

touch 63

FBI 談判協商術
生活是一連串的談判
跟著首席談判專家創造成功協商

Never Split the Difference

作者：克里斯．佛斯（Chris Voss）、塔爾．拉茲（Tahl Raz）
翻譯：許恬寧
責任編輯：湯皓全
二版協力：張晁銘
封面設計：陳政佑
校對：呂佳真
出版者：大塊文化出版股份有限公司
台北市 105022 南京東路四段 25 號 11 樓
www.locuspublishing.com
讀者服務專線：0800-006689
TEL：(02) 87123898　　FAX：(02) 87123897
郵撥帳號：18955675　　戶名：大塊文化出版股份有限公司
法律顧問：董安丹律師、顧慕堯律師

總經銷：大和書報圖書股份有限公司
地址：新北市新莊區五工五路 2 號
TEL：(02) 89902588 (代表號)　　FAX：(02) 22901658
製版：瑞豐實業股份有限公司
初版一刷：2016 年 9 月
二版一刷：2022 年 7 月
二版八刷：2024 年 3 月

定價：新台幣 400 元
ISBN： 978-626-7118-64-1
Printed in Taiwan

生活是一連串的談判，跟著首席談判專家創造成功協商

FBI談判協商術

小心「YES」—掌握「NO」的藝術

新世代的談判規則

NEVER SPLIT THE DIFFERENCE

NEGOTIATING AS IF YOUR LIFE DEPENDED ON IT

本書獻給我的父母
他們無條件愛我
還讓我明白勤奮工作與正直的價值

目錄

第1章
新世代的談判規則

我驚惶失措。

身為擁有二十多年資歷的老ＦＢＩ，我十五年間跑遍紐約、菲律賓、中東各地，專門負責人質談判，可以說是這個領域的第一把交椅。局裡隨時有一萬名探員待命，但負責指揮國際綁架談判的專家只有一人，也就是我。

然而，我從未遇過如此緊張、這麼切身相關的人質綁架事件。

「佛斯，你兒子在我們手上。準備好一百萬美元，不然他就沒命了。」

停下來！我眨眼，在心中催促自己，快點穩住心跳。

當然，我以前碰過這類用贖金換命的情形，不消說，都有千百次了，但這次和以前不一樣。以前不是我兒子性命有危險，贖金也不是一百萬美元這種天文數字，歹徒更不是擁有漂亮學歷與一輩子都在談判的專家。

這次桌子的對面——我的談判對象——是哈佛法學院（Harvard Law School）專門傳授談判技巧的教授。

我之所以踏入哈佛校園，原因是我報名了短期主管談判課程，看看能不能向商業界學個幾招。上這個課理應很平和才對，只不過是一個FBI探員爲了拓展視野，參加一下培訓課程。

然而，「哈佛談判研究計劃」（Harvard Negotiation Research Project）主持人羅伯特．門基（Robert Mnookin）發現有我這號人物來上課後，邀請我到辦公室喝咖啡，他說只是想聊聊。

我受寵若驚，且戰戰兢兢。這些年來，我一直追蹤門基的動向，知道他是個厲害角色，除了擔任哈佛法學院教授，也是衝突解決領域的第一把交椅，著有《與魔鬼談判》（*Bargaining with the Devil: When to Negotiate, When to Fight*）[1]。

老實講，門基要我這個小小的前堪薩斯城（Kansas City）巡邏員警和他談判，感覺不是太公平，而且不只這樣。我和他兩個人坐下之後，門打了開來，另一位哈佛教授蓋布利亞・布魯（Gabriella Blum）也走進來，布魯是國際談判、持武衝突與反恐專家，八年間代表以色列國家安全委員會（Israeli National Security Council）與無堅不摧的以色列國防軍（Israel Defense Forces, IDF）進行談判。

就在此時，門基的祕書出現，桌上擺了一台錄音機，兩名教授對著我微笑。

我被陷害了。

「佛斯，你兒子在我們手上。準備好一百萬，不然他就沒命了。」門基笑容滿面地看著我，「綁架他的人就是我，這下子你要怎麼辦？」

我感到一陣驚慌，不過那很正常，有些事永遠不會變，就算你已經負責談判救人二十年，恐懼還是免不了，即使只是在角色扮演也一樣。

我要自己冷靜下來。沒錯，我只不過是個從巡警轉任ＦＢＩ探員的小角色，而眼前是貨眞價實的重量級大人物。然而，就算不聰明，我會被請到這裡，代表我有能力。過去這些年，我學到各式各樣人際互動的技巧、策略與方法。現在回想起來，我除了救過別人的命，自己的人生也起了變化，因爲談判經歷影響了我所有的做事方法，不論是和客服人員說話的方式，或是教育孩子的風格，全受到左右。

門基說：「快點把錢交出來，不然我現在就割斷你兒子的喉嚨。」這人性子可眞急。

我凝視著他，然後露出微笑。

「我怎麼有辦法給錢？」

門基愣了一下，臉上露出被逗樂的同情神色，就好像狗看見無路可逃的貓居然轉身，想反過來追自己，就好像我們兩方在玩規則不同的遊戲。

門基恢復鎮定，眉毛挑得老高，似乎在提醒我遊戲還沒結束。

「佛斯先生，所以我殺了你兒子也沒關係？」

「抱歉，羅伯特，我怎麼知道我兒子還活著，搞不好他已經死了？」我道歉，還直呼他的名字，讓我們之間的互動增添人情味，擾亂他一開始想壓過我的氣勢。「眞的很抱歉，但我連他是死是活都不曉得，怎麼可能現在就給你錢？更別說你一開口就要一百萬這麼大的數字。」

看著絕頂聰明的人，被蠢人蠢話堵得啞口無言，實在有趣，不過這步棋絕不蠢，我其實是在運用ＦＢＩ最有效的談判工具：提出開放性問題。

我的顧問公司「黑天鵝集團」（The Black Swan Group），在民間多年研發此種類型的戰術，將之命名爲「測試型問題」（calibrated question），也就是對方可以回應、但沒有固定答案的問題。這一類的問題可以爭取時間，讓對手誤以爲主控權在自己手上——畢竟答案與權力都在他們那——他們渾然不覺自己的思考已經被問題限制住。

門基一如預期，開始結巴，因爲對話的框架，已經從我要如何面對兒子會被殺的難題，變成他要如何用合乎邏輯的方式取得贖金。這下子對話的方向，變成他要如何處理**我的**問題。不論他怎麼恐嚇我、威脅我，我抓著付贖金的方法不放，再三逼問我怎麼知道兒子還活著。

如此你來我往三分鐘後，布魯看不下去。

「別讓他牽著你的鼻子走。」她告訴門基。

「那妳自己來試。」他舉手投降。

布魯跳了進來。她不愧是在中東待過的人，但同樣也採取步步進逼的方式，而我依舊一遍又一遍問相同的問題。

門基再度加入談判，但也無法取得任何進展，一張臉沮喪到脹紅，我看得出來，不耐煩正在害他難以思考。

「好了，好了，門基，今天就先這樣吧。」我放他一馬。

門基點頭，我的兒子又能多活一天。

「好吧，」他說，「看來ＦＢＩ或許真能教我們一點東西。」

我不只證明自己和哈佛兩位領袖級人物一樣傑出，還是最棒的，我贏了。

不過，贏得這一局會不會是僥倖？過去三十年間，哈佛是談判理論與實務的中心，而我什麼都不懂，唯一知道的事，就是我們ＦＢＩ的技巧很有用。

我在局裡待了二十年，我們ＦＢＩ研發出來的方法，幾乎成功解決了每一樁綁票案，但提不出任何高深理論。

FBI的技巧來自「從做中學」。發生危機事件時，負責談判的探員得出心得，接著藉由分享故事，告訴同仁哪些做法有效、哪些無效。我們不斷精進自己每天使用的工具，不斷摸索改進，沒有理論。此外，我們的工具有迫切性，**一定**得管用，萬一沒用，有人會喪命。

然而，**為什麼**那些工具有用？我之所以想去哈佛，還被騙進門基與布魯的辦公室，就是因爲想知道答案。我出了自己狹隘的世界後缺乏自信，此外最重要的一點，則是我得學會表達自己知道的事，並且結合自己與學者的知識。如此一來，我就能理解、整理與擴展所知，學界顯然有值得學習的地方。

沒錯，FBI的技巧用在傭兵、毒販、恐怖分子、冷血無情的兇手身上，顯然十分有用，但我想知道，那些技巧是否也適用於一般人？

我很快就在哈佛的學術殿堂發現，FBI的技巧其實相當符合理論，而且**走到哪**都行得通。

我們FBI的談判方法，其實是解開人類互動祕密的鑰匙。每一個領域、每一場互動、生活中每一種人際關係，都可以靠談判技巧變得更美好。

這本書要告訴大家一切是怎麼一回事。

在場最聰明的笨蛋

我因為想知道為什麼ＦＢＩ的工具有用，一年後參加哈佛法學院二〇〇六年的冬季談判課程，一路靠著一張嘴過關斬將。最優秀、最聰明的人士，人人搶著上我報名的那個課程，學員包括哈佛最傑出的法學院與商學院學生，以及麻省理工學院（ＭＩＴ）、塔夫茨大學（Tufts）等波士頓一流大學的青年才俊，整個課程有如談判的奧運會，而我只是個局外人。

上課第一天，一百四十四名學員擠進大講堂聽簡介，接著分成四組，每一組有一個談判指導老師，我被分配到席拉．西恩（Sheila Heen）那一組。直到今日，我們兩個還是好友。每位學員和指導老師互相認識一下，接著兩人一組，進行模擬談判。任務很簡單，一人負責賣產品，一人擔任買家，雙方都有必須堅守的價格底線。

和我同組的人是講話懶洋洋的紅髮安迪（化名），安迪是天之驕子，全身散發著知識分子的優越感。我們兩個人走進一間可以俯視哈佛英式廣場的空教室，開始各自出招。安迪會拋出一個價格，接著用無懈可擊的邏輯解釋，爲什麼那是個好價格——一個逃脫不了的邏輯陷阱——而我的回答總是某種版本的「我怎麼可能做得到？」。

我們你來我往幾回合，最後得出一個數字。離開教室時，我心情很好，覺得以一個笨蛋而言，自己拿到還不錯的價格。

大家重新在原本的教室集合，席拉問每一組談妥的價格，把結果寫在板子上。

最後輪到我。

「克里斯，你和安迪怎麼樣？」她問，「你們談好什麼價格？」

我永遠忘不了當時席拉臉上那個表情。我告訴她安迪同意付多少錢的時候，她先是整張臉脹紅，好像呼吸不到空氣，接著喉嚨不斷抽氣，有如雛鳥在哭喊自己餓了，最後爆笑出來。

安迪侷促不安。

「你拿走他手上每一分錢，」席拉說，「他的指示說，他應該守住四分之一的錢，用於下一回合的談判。」

安迪垂頭喪氣地陷在椅子裡。

隔天，我和另一位組員又上演相同戲碼。

我讓對方預算完全爆表。

這說不通。人走運，只會走運一次，但這已經成爲一種模式。我靠著老派的實務知識，痛宰精通書中各種最新技巧的精英。

事實上，這些人使用的最新技巧，讓我感到既古老又過時。我覺得自己像是現代網球之神羅傑．費德勒（Roger Federer）乘著時光機，回到一九二〇年代，跟有頭有臉的紳士打錦標賽。我的對手穿著那年頭的白色褲裝，手上是木頭球拍，接受的是玩票性質的訓練，而我拿著今日的高科技鈦合金球拍，有二十四小時待命的私人教練，還有電腦幫我計算發球截擊策略。與我對打的人，聰明才智絕不輸我，甚至是遠遠勝過，而且基本上雙方玩的是規則相同的比賽，然而我擁有他們沒有的技巧。

第二天我說出自己拿到的價格時，席拉說：「克里斯，你的特殊風格正在讓你出名。」

我露出《愛麗絲夢遊奇境》那隻柴郡貓的笑容，當贏家的感覺眞好。

「克里斯，要不要和大家分享一下你的方法。」席拉說，「你似乎什麼也沒做，只是對著哈佛法學院學生說『不』，然後望著他們，他們就兵敗如山倒。眞的這麼簡單嗎？」

我懂席拉的意思：我其實沒有直接說出「不」這個字，然而我反覆問的問題，聽起來像是在拒絕。我的問題似乎是在暗示，對方不誠實又不公平，而那就足以讓他們遲疑，內心掙扎起來。只有心理素質強健的人，才有辦法回答我的「測試型問題」，而他們手中沒有那一類的心理戰術工具。

我聳聳肩。

「我只是問問題而已。」我說，「那是一種消極抵抗策略，我只是一遍又一遍問相同的三、四個開放性問題。他們爲了回答我的問題精疲力竭，我要什麼，就給我什麼。」

安迪在椅子上跳起來，好像被蜜蜂螫了一樣。

「該死！」他說，「原來就是那樣，我沒發現。」

哈佛冬季課程結束時，我和幾位學員建立友誼，甚至和安迪交上朋友。

在哈佛的那段日子讓我知道，我們FBI可以教這個世界許多談判的事。

那段短暫的造訪讓我明白，要是不懂人類心理，要是無法接受我們人全是瘋狂、不理性、衝動、受情緒驅使的動物，我們在進行令人心煩意亂、互動不斷變化的雙人談判時，就算天資再聰穎，就算動用全世界的數字推理能力，也於事無補。

沒錯，或許我們人只不過是懂得討價還價的動物——猴子不會拿自己一部分的香蕉，交換別人的堅果——然而不管我們替談判加上多少數學理論，我們人永遠是動物，我們行事與做出第一反應的依據，永遠是內心深處看不見又幼稚的恐懼、需求、成見與欲望。

然而，哈佛人學的不是這個體系。他們的理論與技巧，全都涉及智力、邏輯、「BATNA」與「ZOPA」等聽來高深的縮寫（譯註：BATNA爲「談判協議的最佳替代方案」、ZOPA爲「議價談判空間」）、理性價值概念，以及什麼叫公平、什麼叫不公平的道德觀。

層層的人造理性外衣，帶來合乎邏輯的流程，有可以遵守的劇本，也有事先決定好的行動步驟與開價法，以及爲了得出特定結果，有特定順序的討價還價，就好像在和機器人打交道，如果依照某種固定順序做 a、b、c、d，就會得到 x。然而眞實世界的談判無法預測，複雜萬分，可能得做 a，做 d，接著或許要跳到 q 才行。

過去我在對抗恐怖分子與綁匪時，替自己累積了一個談判百寶箱。如果說我只靠箱中一招情緒技巧，就打敗全國最聰明的學生，說不定我的方法也能用在企業界？挾持人質的綁匪，和用強硬手法壓低十億美元購併案價格的執行長，兩者究竟有什麼不同？

說穿了，綁匪其實也是試圖取得最佳價格的生意人。

老派協商

挾持人質——以及隨之而來的人質談判——從史上有文字記錄以來就存在。舊約聖經中，許多故事在講以色列人和敵人互相挾持人民，把人民當成戰利品。此外，羅馬人也強迫附庸城邦的王公，把兒子送到羅馬受教育，確保他們忠貞不二。

然而，人質的歷史雖然源遠流長，但一直到了美國尼克森（Nixon）政府的時代，談判流程依舊是派出軍隊，廝殺一番，救出人質。執法機關的做法也差不多，先試圖和綁匪精神喊話，直到找出用槍解決他們的辦法，一切全靠赤裸裸的武力。

不過，後來一連串的人質悲劇，迫使我們做出改變。

一九七一年，警方試圖靠開槍解決紐約上州阿蒂卡監獄（Attica）的暴動，造成三十九名人質被殺。接下來一九七二年的慕尼黑奧運，德國警方貿然救援，十一名以色列運動員與教練因而喪命於巴勒斯坦綁匪之手。

不過，影響美國執法機關最深並促成改變的事件，發生在一九七一年十月四日的佛羅里達傑克遜維爾（Jacksonville）機場跑道上。

美國當時盛行劫機事件，一九七〇年時，曾經三天就發生五起劫機。在緊繃的社會氛圍之下，精神異常的小喬治・吉夫（George Giffe Jr.）挾持了田納西州納許維爾（Nashville）一架預備前往巴哈馬的包機。

事件落幕時，吉夫殺害兩名人質——他分居的妻子與機師——接著自殺。

然而，當時輿論譴責的對象不是劫機的歹徒，而是將砲火完全對著ＦＢＩ，因爲兩名人質原本已經說服吉夫，吉夫會在飛機停下加油時，在傑克遜維爾機場跑道放他們走。然而ＦＢＩ探員因爲等得不耐煩，開槍射擊飛機引擎，吉夫最後才選擇同歸於盡。

指責的矛頭大都指向ＦＢＩ，機師的太太與吉夫的女兒，控告ＦＢＩ的疏失造成枉死，法院判她們勝訴。

美國聯邦上訴法院在一九七五年指標性的「道思訴美國案」（*Downs v. Unit-*

ed States）判決中指出：「當時尚有其餘較佳的人質安危保護方式」，「現場原本已大功告成，等候即可，兩名人質已安全下機」，然而ＦＢＩ讓一切「化爲一場槍戰，造成三人死亡」。法院的結論是：「進行戰術干預之前，應有合理的談判努力」。

道思劫機案示範了危機情境中一切不該做的事，促成今日人質談判理論、訓練與技巧的誕生。

吉夫悲劇發生後不久，紐約市警察局（New York City Police Department, NYPD）領先全美的警察機構，率先成立負責擬定與處理危機談判流程的專案小組，接著ＦＢＩ及其他單位也跟進。

新的談判紀元就此展開。

感性VS.理性

一九八○年代初，美國麻州劍橋是談判世界的熱點，來自不同學科的學者開始互動，探索令人興奮的新概念。重要起點發生在一九七九年，負責改善談判理論、教學與實務的「哈佛談判計劃」（Harvard Negotiation Project）問世，目標是協助有效處理「和平協定」與「企業購併」等各類型的事務。

兩年後，該計劃共同創始人羅傑・費雪（Roger Fisher）與威廉・尤瑞（William Ury）出版開創性的談判研究《哈佛這樣教談判力》（*Getting to Yes*）[2]，澈底改變實務者看待這個領域的方式。

費雪與尤瑞的手法，基本上是讓解決問題系統化，讓談判各方取得互利互惠的協議——也就是英文書名的「讓人點頭說『Yes』」。兩人的基本假設是大腦情緒化的那一面——衝動行事、不可靠、不理性的野獸——可以透過更理性、共同解決問題的思考來克服。

兩位學者的方法很容易遵守，也很誘人，一共有四條原則：一、人（情緒）和問題要分開看；二、別把注意力完全放在對方的立場（他們要求**什麼**），而要去想對方的利益（**為什麼**他們要求那樣東西），找出對方真正的目的；三、合作找出雙贏選項；四、建立雙方都同意、得以評估可能選項的標準。

這套方法很精彩、很理性，集合當時最先進的賽局理論與法界思維。書出版後多年，所有人在協商互動時，都採取問題解決法，ＦＢＩ與紐約警局也不例外。這套方法讓人感覺很現代、**很聰明**。

在美國的另一頭，兩名芝加哥大學（University of Chicago）的教授，則正在從相當不同的角度探討萬事萬物，經濟學與談判都是他們討論的主題。那兩位教授是經濟學家阿摩司．特沃斯基（Amos Tversky）與心理學家丹尼爾．康納曼（Daniel Kahneman），兩人一起開創行爲經濟學這個領域，證明人是非常不理性的動物，康納曼後來還榮獲諾貝爾獎。

兩位教授發現，「感覺」也是一種思考方式。

如同前文所述，哈佛等學校的商學院一九八〇年代開始教授談判時，流程看似直截了當的經濟學分析。在那段時期，全球最頂尖的經濟學者宣稱，我們全是「理性行動者」（rational actor），因此談判課程假設談判的另一方會以理性、自私的方式爭取最有利的情勢，我們的目標則是找出應對各種情境的方法，爲自己爭取最大價值。

這一派的思維令康納曼感到困惑，因爲以他的話來講，多年來的心理學研究讓他知道，「人類顯然並非完全理性，也非完全自私，而且偏好永遠在變。」

康納曼數十年間與特沃斯基合作，證實人類逃不開**認知偏誤**（Cognitive Bias），也就是說，潛意識——與不理性的——大腦流程會扭曲我們看待世界的方法。康納曼與特沃斯基找出一百五十種以上的認知偏誤。

舉例來說，**框架效應**（Framing Effect）指出，一樣的選擇，但以不同方式框架，人們會有不同回應（人們覺得從九〇%變一〇〇%，也就是從「可能性高」到「完全肯定」，比四五%上升至五五%厲害，雖然兩組數字同樣都差十個百分點）。**展望理論**（Prospect Theory）解釋，爲什麼我們面對不確定的損失時，願意冒沒有擔保的風險。最著名的**損失規避**（Loss Aversion）現象，則解釋爲什麼統計上相較於取得等量收益，人們更想迴避損失。

康納曼將自己的研究，寫成二〇一一年的暢銷書《快思慢想》（*Thinking, Fast and Slow*）[3]，指出人類的思考分爲兩個體系：「系統一」（System 1），也就是我們人類動物的那一面，是快系統；「系統二」（System 2）是深思熟慮、符合邏輯的慢系統，而系統一的影響力大上許多。事實上，系統一引導著我們的理性思維。

系統二所得出的明確信念，以及思考過後的選擇，其實主要源自系統一不完整的看法、感受與印象，它們是一切的源頭。我們人面對建議或問題時，會有情緒性反應（系統一），接著那個系統一的反應，成爲系統二的思考依據，系統二的答案其實來自系統一。

各位可以想想，在這個模式底下，如果懂得框架自己的問題與說法，加以影響對手的系統一思考，以及沒說出口的感受，就可能引導他們的系統二理性思考，進而改變反應。哈佛的安迪就是中這一招，我問他：「我怎麼可能那樣做」，引導他的系統一情緒大腦認爲，自己出的價還不夠好，接著他的系統二靠理性分析情況，得出應該給我更優惠價格的結論。

各位如果相信康納曼的理論，那麼依據系統二的概念來談判，卻沒有解讀、理解與操縱系統一情緒的工具，就像是想煎歐姆蛋，但連打蛋都不會。

ＦＢＩ動之以情

在一九八〇年代與一九九〇年代，ＦＢＩ的新型人質談判團隊不斷累積經驗，在摸索問題解決技巧的過程中，開始感到自家方法缺少關鍵元素。

當時我們將《哈佛這樣教談判力》那本著作奉爲圭臬。我個人雖然已有數十年擔任談判人員、顧問與老師的經驗，依舊認同書中衆多威力強大的談判策略。書中提倡「合作解決問題」此一開創性的思考，還提供不可或缺的原創概念，例如準備好「BATNA」（談判協議的最佳替代方案）再上場談判。

太精彩的概念。

然而，一九九二年愛達荷州藍迪・威佛的「紅寶石山脊農場事件」（Randy Weaver's Ruby Ridge farm），以及一九九三年德州韋科（Waco）大衛・考雷什的「大衛教慘案」（David Koresh's Branch Davidian），兩次的執法圍攻都帶來慘重傷亡，令人無法否認，人質談判大都不屬於理性的問題解決情境。

我是說，各位試過與自認是救世主的人談互利互惠的雙贏解決法嗎？

事情愈來愈明顯，《哈佛這樣教談判力》的方法無法用在綁匪身上。不管多少探員手上拿著螢光筆讀了那本書，也無法改善我們的人質談判方式。《哈佛這樣教談判力》所介紹的出色理論和執法人員每天會碰上的事，中間顯然有一條鴻溝。爲什麼大家都讀了那本商業暢銷書，還奉爲史上最優秀的談判書籍，但很少人能成功照做？

難道我們都是笨蛋嗎？

紅寶石山脊案與韋科案過後，許多人開始問那個問題。美國副司法部長菲利浦・海曼（Philip B. Heymann）尤其想知道，爲什麼我們的人質談判技巧如此糟糕。他在一九九三年十月提出〈韋科案的啓示：聯邦執法單位改革提案〉（Lessons of Waco: Proposed Changes in Federal Law Enforcement）[4]，摘要說明專家小組的分析，指出聯邦執法單位無力處理複雜的人質挾持情勢。

一九九四年，ＦＢＩ局長路易・弗利（Louis Freeh）宣布成立「緊急事件應變團隊」（Critical Incident Response Group, CIRG），底下的「危機談判組」（Crises Negotiation）、「危機管理組」（Crises Management）、「行爲科學組」（Behavioral Sciences）、「人質解救組」（Hostage Rescue）通力合作，重新打造危機談判。

只有一個問題：我們應該採行什麼技巧？

當時ＦＢＩ史上最被推崇的談判專家，一位是我同事弗萊德・萊斯里（Fred Lanceley），一位是我前上司蓋瑞・內斯納（Gary Noesner），他們在加州奧克蘭（Oakland）主持人質談判課程時，問了在場三十五位經驗豐富的執法人員一個簡單問題：有多少人碰過「解決問題」是最佳技巧的典型談判情境？

沒人舉手。

接著他們又問了一個相關的問題：學員中，有多少人碰過情勢千變萬化、緊張萬分、不確定的事件，綁匪處於情緒危機，而且並未提出明確要求？

所有人都舉手。

結論很明顯：如果執法談判人員必須面對的情境，大都是情緒造成的事件，而不是理性的談判互動，我們的談判技巧，必須高度專注於人類情緒化、不理性、動物的那一面。

從那時起，ＦＢＩ的訓練不再著重於問題解決，以及「你給我什麼、我給你什麼」的討價還價，改爲傳授危機調停情境的心理技巧。有效談判的關鍵是情緒與情商（emotional intelligence），而不是解決問題。

我們ＦＢＩ需要的其實是靠著心理戰術與策略，在現場安撫當事人、建立和諧氣氛、贏得信任、引導對方說出需求，讓對方相信我們具備同理心。我們需要某種讓ＦＢＩ同仁好傳授、好理解、又好用的東西。

畢竟同仁是警察和探員，他們對成爲學者或心理治療師沒興趣。不管歹徒是誰，不管他們想要什麼，我們的任務是改變人質挾持者的行爲，轉換危機現場的情緒氛圍，確保所有相關人士的安全。

ＦＢＩ在早期歲月，同時實驗輔導界的各式新舊治療技巧，重點是展現自己有能力理解他人的遭遇與感受，進而培養正面關係。

一切源自一個放諸四海而皆準的原則：人想要被理解、被接受，而聆聽是最不花錢、但也最有效的讓步。談判者可以靠認眞聆聽，展現出同理心，表現出誠心希望理解另一方所遭遇的事。

心理治療研究顯示，人如果覺得有人在聽他們說話，他們一般會更注意聽自己講了哪些話，並且敞開心房評估與表明想法與感受。除此之外，他們會降低防禦心與反對力道，更願意傾聽他人觀點，進而冷靜下來運用邏輯，成爲讓**人點頭型的優秀問題解決者**。

前述概念的重點在於**戰術同理心**（Tactical Empathy）。「戰術同理心」是本書宗旨，意思是把聆聽當成一種武術，既要巧妙暗中運用EQ，也要靠決斷力影響他人，以求進入他人內心。一般人認爲聆聽是一種消極、被動的行爲，但其實聆聽是世上最積極的行動。

一旦FBI開始研發自家的新型技巧後，談判的世界分爲兩派：全國頂尖學校的談判方式，繼續朝原本的理性問題解決道路前進。諷刺的是，同一時期我們這些FBI的傻子，則利用心理學、輔導與危機介入等領域尚未獲得證實的方法，開始訓練探員。常春藤聯盟教的是數學與經濟學，我們FBI則成爲同理心專家。

而我們的方法很管用。

生活處處是談判

各位可能對FBI的談判人員感興趣，想知道我們是如何讓全球最兇惡的歹徒釋放人質，但各位可能會想，人質談判與自己的生活一點關係也沒有。

幸運的是，很少人因爲親朋好友被綁，而被迫與伊斯蘭恐怖分子打交道。

然而我要告訴各位一個祕密：人生就是一場談判。

不管是職場或在家裡，大多數的人際互動都是一場談判，而且最終可以濃縮成一個簡單的原始動物衝動：**我要**。

當然，以本書來講，最相關的一句話就是：「我要你釋放人質。」

不過，還有其他版本的「**我要**」。

「我要你接受那份一百萬的合約。」

「我要以兩萬美元的價格買那輛車。」

「我要你幫我加一成薪水。」

以及……

「我要你晚上九點上床睡覺。」

談判有兩個明顯與生活相關的基本功能，一是蒐集資訊，二是影響行爲，而且只要是「一方想從另一方身上得到某樣東西」的互動，幾乎都是一種談判。各位的事業、財務、名聲、戀愛與婚姻生活，甚至是孩子的命運，某種程度上都要看你的談判能力。

本書接下來會向大家介紹，談判其實就是有連帶後果的溝通。在生活中取得自己想要的東西，其實就是在從別人身上得到東西，或是一起合作拿到東西。所有的人際關係都免不了衝突，因此很實用、甚至是很關鍵的一件事，就是懂得如何在衝突之中讓自己得償所願，並且全身而退。

我用自己在ＦＢＩ超過二十年的經驗，將工作時運用的原則與實務做法，濃縮成令人興奮的新方法，協助各位在各類談判中消除另一方的警戒心，引導他們，化解對方的攻勢，順道鞏固雙方情誼。

沒錯，各位接下來會讀到ＦＢＩ如何靠著談判，讓無數人質被安全釋放，不過我也會介紹各位可以如何靠著掌握人類心理，談成更優惠的買車價格、多加一點薪，以及讓孩子早點上床睡覺。這本書要教大家重新主導生活與工作的對話方法。

成爲日常談判大師的第一步，就是克服對談判避之唯恐不及的心態。各位不必愛上談判，只需要明白這世界就是這樣運轉的，就可以了。談判的意思，不是要各位裝腔作勢嚇唬別人，也不是不斷糾纏，強迫別人就範。談判的意思，只是參與人類社會的情緒遊戲。在這個世界，我們可以得到自己要求的東西，唯一的前提是得用正確方式提出要求，所以請使用權利，勇敢要求自己認爲正確的事。

本書最重要的目標是讓各位願意談判，透過察覺人性心理，學習靠方法得到自己想要的東西。各位將學到如何利用情緒、直覺與洞察力，在各式場合與他人建立良好關係，進而影響對方、推動進展。

談判功力是一種八面玲瓏的人際關係能力，在生活的每個面向，依據人性心理取得優勢：如何評估他人，如何影響自己在他人心中的看法，以及如何運用相關資訊得到自己要的東西。

不過請注意，這不是另一本心理科普書。本書深入整合重要的心理理論（最重要的是要實用），內容源自我二十四年的ＦＢＩ生涯，以及在頂尖商學院與全球企業教書與擔任顧問的十年經驗。

本書的方法之所以有效，原因很簡單：它們源自真實世界、是替真實世界設計的方法。不來自教室，也不來自講堂，而是源自多年來不斷精進、力求完善的實務經驗。

不要忘了，人質談判者的任務十分特殊：**非贏不可**。難道他們能告訴銀行搶匪：「好，你手上一共有四個人質，我們各退一步，你給我兩個人質，一人一半，然後這件事我們就這樣算了？」

不行。成功的人質談判者一定得大獲全勝，重要的事一步都不能退讓，而且還得讓對手感到雙方關係良好。人質談判者的工作是發揮打了類固醇的ＥＱ，也就是各位即將在本書學到的工具。

本書架構

就跟蓋房子一樣，本書從地基打起：先來幾層厚實地基，再來幾道必要的承重牆，接著是美觀但不能漏水的屋頂，最後是賞心悅目的室內裝潢。

每一章的內容承先啓後，各位首先會讀到進階版的**積極聆聽法**（Active Listening），接下來是各種話該怎麼說的技巧，以及談判最終的「討價還價」階段的詳細介紹。此外，本書的最後還會教各位找出罕見的黑天鵝，以便在談判中大獲全勝。

第二章會告訴大家如何去除成見，避開新手談判者的盲點，改採**積極聆聽技巧**，例如**鏡像模仿法**（Mirroring）、**沈默法**（Silence）、與**夜間 FM 電台 DJ 的聲音**（Late-Night FM DJ Voice）。各位將學到如何放慢談判步調，讓另一方有足夠安全感，願意吐露資訊。此外，這一章還會教大家分辨「想要」（理想目標）與「必要」（談判最基本的底線），以及如何全神貫注聽另一方說話。

第三章探討**戰術同理心**。各位將學到如何找出對手的**觀點**，接著透過**貼上**

標籤（Labeling，將對方的觀點拋回對方身上），贏得信任與理解。此外，各位還會學到攤開事情可以滅火。最後我還會解釋如何靠著**清查指控**（Accusation Audit），搶先大聲說出另一方可能提出的指控，削弱對方的火力。

接下來在第四章，我會介紹在談判中讓另一方感到有人理解他、認可他的方法，以求營造「無條件的正向關懷」（unconditional positive regard）。各位將了解爲什麼在談判的每個階段，目標應該是讓對方說出「沒錯」，而不是「是」，以及如何透過**摘要**（Summaries）與**換句話說**（Paraphrasing），找出對方的世界觀，並加以複述，以提供情感上的支持。

第五章要教大家**讓人點頭**的另一面。得到「不」這個答案十分重要，「不」才是談判的起點。各位也將學到如何放下自尊、進入對方的世界談判。若要達成對方會遵守的協議，這是唯一的辦法。最後，各位還會學到如何靠著讓對方有選擇的權利，以便讓對方願意配合，以及讓電子郵件不再碰上「已讀不回」的方法。

第六章要介紹扭轉現實的藝術。我會解釋數種框架談判的工具，讓對手下意識接受我們替議題加上的限制。各位將學到如何靠著設下最後期限製造急迫感；如何靠著公平感催促另一方；以及如何錨定另一方的情緒，讓他們覺得不接受我們的開價是損失。

之後在第七章，我會介紹讓我在哈佛打敗群雄、威力強大的工具：**測試型問題**。也就是以「如何（How）」或「什麼（What）」開頭的問題。提出無法用「是」或「不是」回答的問題，將迫使對手花力氣解決我們的問題。

第八章會示範如何靠著**測試型問題**，確保執行階段不會突槌。我的口頭禪是：沒有「How」的話，對方說「Yes」也沒用。此外，各位還會學到非口語溝通的重要性，包括如何運用「How」問句委婉說「No」；如何讓對手自己降價；以及如何影響私底下阻撓談判的人。

每一場談判都會在某個時間點進入關鍵階段，也就是傳統的討價還價時間。第九章會一個步驟、一個步驟介紹如何有效討價還價，包括如何避開對方的凌厲攻勢，以及如何展開自己這一方的攻擊，各位將學到ＦＢＩ最有效的條件成交流程「艾克曼法」（Ackerman system）。

結尾的第十章，將解釋如何找出與運用最罕見的談判動物，也就是「黑天鵝」。每一場談判都有三到五個一旦被發現、局勢將全面翻轉的資訊。黑天鵝會讓事情翻盤，我甚至把自己的公司命名爲「黑天鵝集團」。各位將在本章學到如何靠線索辨識出黑天鵝的隱祕巢穴，以及靠黑天鵝取得上風與大獲全勝的簡單工具。

本書每一章的開頭，都是一則步調緊湊的人質談判故事，接著我會剖析當時哪些策略成功、哪些失敗。解釋完理論與工具後，各位還會讀到我及其他人如何在眞實生活中靠那一章的工具贏得談判，例如談薪水、買車，以及解決惱人的家務事。

要是各位讀完本書後，能靠著其中的關鍵技巧，改善自己的工作與人生，我就功德圓滿了。我相信各位一定辦得到，唯一要記住的一點，就是「準備」爲談判之母。附錄提供我讓所有學生與客戶都使用的一項寶貴工具：「談判總整理」（Negotiation One Sheet）。「談判總整理」是幾乎囊括所有戰術與策略的精簡整理。不論各位想達成哪一類協議，依據自己碰上的情形走一遍總整理絕對是有益無害。

我認爲最重要的事，就是各位必須明白談判是一種非常必要、非常基本，甚至是美妙的事。只要誠心相信談判可以帶來轉變，我們將學到如何得到自己想要的東西，還學到如何影響他人，帶大家一起走向更美好的世界。

談判是合作的核心。談判可以讓衝突具有意義，還讓每一方都得利。談判改變了我的人生，也可以改變各位的人生。

我一直認爲自己只是普通人。沒錯，我很努力，也很肯學，但資質不是特別好。我一直覺得人生有驚人的可能性，只是在我很年輕的時候，不曉得如何開啓那些可能性。

然而，我學會談判技巧後，做起不尋常的工作，還看著自己教過的人澈底改變人生。我運用自己過去三十年學到的東西，知道自己眞的有能力改變人生走向，甚至還能協助他人掌握人生。三十年前，我已經知道這種事有可能，但不曉得**方法**。

現在我曉得了，答案就在這本書中。

第2章 當一面鏡子

一九九三年九月三十日

紐約布魯克林秋高氣爽的一天，早上八點半左右，兩名蒙面搶匪衝進第七大道與卡羅爾街（Carroll Street）交叉口的大通曼哈頓銀行（Chase Manhattan Bank），警鈴大作。銀行內只有兩名女性行員、一名男警衛。搶匪用一把點三五七手槍，擊昏手無寸鐵的六十歲警衛，拖進男廁，鎖上門，接著又敲昏一名女行員。

解決兩個人後，搶匪轉向另一名行員，把槍管塞進她嘴裡，扣下扳機——砰，是空包彈。

「下一發就是眞的了。」搶匪說，「打開金庫。」

電影天天都在上演挾持人質的銀行搶案，然而紐約雖是全美提供最多人質談判工作的轄區，上一次出現這種對峙，幾乎已經是二十年前的事。

好死不死，我人生第一次親上火線，正式搶救人質，就碰上這樁搶案。

當時的我，大約受過一年半的人質談判訓練，不過尚未碰上運用所學的機會。對我來說，一九九三年是非常忙碌又不可思議的一年。那一年，我成爲ＦＢＩ「聯合反恐特遣隊」（Joint Terrorism Task Force, JTTF）的一員，努力阻止一起預備在荷蘭、林肯隧道（Lincoln Tunnels）、聯合國、聯邦廣場二十六號（26 Federal Plaza），以及ＦＢＩ的紐約市分部引爆炸彈的陰謀。恐怖分子尚在安全屋調製炸彈，就被我們破獲，背後的主使者與「盲人首領」（Blind Sheikh）領導的埃及恐怖組織有關，「盲人首領」後來也因爲我們破獲的案件被定罪。

各位可能會想，我們ＦＢＩ連恐怖陰謀都能破獲，銀行搶匪應該是小事一樁，不過對當時初出茅廬的我來說，滿心躍躍欲試，想讓新學到的技巧派上用場。再說了，現場情形絕非小事。

FBI接獲通知後，我和同仁查理・鮑杜（Charlie Beaudoin）開著黑色福特維多利亞王冠警車，趕到現場。我們跳下車，直奔指揮所。所有人都出動了——紐約警方、FBI、霹靂小組——執法部門所有精英全副武裝，對抗進退維谷的搶匪。

搶案現場，紐約警方招牌的藍白相間卡車與巡邏車，排成車牆。所有人在對街另一間銀行布陣。SWAT小隊在附近幾棟褐石建築屋頂上，將步槍瞄準鏡對準銀行前後門。

成見使人盲目，假設提供指引

優秀的談判人員知道自己上場時，將得準備好迎接突發狀況。頂尖的談判專家則更進一步，靠技巧讓知道絕對會出現的「意外之喜」現形。

談判專家從經驗中學到，最好在心中同時設想數種可能性——情勢將是如何、對方想要什麼、事情會出現哪些變數。他們提高警覺，隨時利用新訊息測試假設，刪除不正確的假設。

我們在談判過程中，每多探知另一方心中在想什麼，每多獲得一條新訊息，都能多前進一步，拋開 A 假設，改支持 B 假設。談判過程中，應該帶著探索心態，第一目標是盡量挖掘與觀察資訊。順道一提，太聰明的人經常很不會談判，原因就出在這——他們認爲自己無所不知，早已掌握所有資訊。

人太常抓著自己相信的事，依據自己聽過的事或偏見，在甚至還沒見過某個人之前，就先有成見，甚至忽視自己看到、聽到的事，好讓事情符合預期中的結論。成見會模糊我們感受世界的窗口，讓我們看到一成不變、而且通常並不完整的情境。

其他人心中因爲信念或無知而存有成見時，談判高手則有辦法質疑那些假設，情感上更能敞開心胸，接受各種可能性，理智上也更能靈活應付千變萬化的局勢。

不幸的是，一九九三年時，我遠遠算不上高手。

那次的事件中，每個人都以爲眼前危機一下子就能解除，搶匪除了投降，別無選擇——當時我們是那麼以爲的，甚至一開始就收到歹徒想投降的情報，沒人想到那是事件主使者爲了爭取時間耍的伎倆。一整天對峙下來，策劃整件事的搶匪一直告訴我們，事情都是其他四名同伴逼他做的，當時我尚未學到，談判的另一方如果過度使用**我們/他們**（we/they）或**我**（me/I）等人稱代名詞，就要特別多加留意。表現得愈像是小人物的人，八成是重要人物（裝腔作勢者反而不是）。我和同仁後來發現，其實一共只有兩名銀行搶匪，其中一人還是被騙去的。如果算進我們還沒趕到前就逃跑的司機，一共也只有三人。

「綁匪主腦」玩的是「反情報戰」，告訴我們各式各樣假資訊，讓我們誤以爲他身邊有一群來自世界各國的同夥，而且那些人心理狀態比他還不穩定、還危險。

當然，以後見之明來看，對方在玩什麼把戲很清楚——歹徒想要盡量混淆視聽，爭取時間，找出脫身之法。他不斷告訴我們，做主的人不是他，每個決定都是其他人下的。我們要他說出某個資訊時，他會宣稱自己很害怕，或至少說自己有一點不知所措，然而聲音卻完全鎮定，自信十足。這點提醒了我和同仁，直到眞相揭曉之前，沒人曉得眼前眞正的情況。

雖然我們大約在早上八點半接獲通知，等我們抵達銀行對街，與歹徒接觸，時間已是早上十點半左右。我們抵達時，被告知現場只是常見的一般搶案，按照標準流程處理就可以了，一下子就能解決。指揮官認爲，大概十分鐘內就能搞定，因爲據說壞蛋要投降了。這個預設立場害我們栽了跟頭，談判遲遲無法取得進展，指揮官尷尬萬分，因爲他們完全依據一開始的錯誤資訊，太早告訴媒體這個樂觀預期。

我們抵達現場，準備接受歹徒投降，然而情勢急轉直下。

所有我們以為的事完全錯誤。

安撫「精神分裂」

我們把現場的「談判運作中心」（Negotiation Operation Center, NOC），設在發生搶案的大通分行正對面另一間銀行辦公室，兩家銀行只相隔窄窄一條街，我們因爲太靠近人質挾持現場，立刻處於劣勢，離危機發生地還不到二十七公尺，理想上緩衝區應該更大才對。不管談判的另一頭有多糟糕的情勢在等著，都該和對方拉開一點距離。

我和夥伴抵達時，立刻被派去指導正在與歹徒通電話的警方談判人員喬（Joe）。喬處理得很好——然而處理這類情境時，沒有人會單獨作業，永遠都以團隊形式合作。這個策略背後的邏輯是多幾雙耳朵，就可以多抓到額外資訊。在某些對峙情境，我們會派五個人一起聽，在資訊進來時一起分析，並在負責通電話的人員背後提供指引——這次的事件也一樣。我們讓喬負責在電話上發言，其他三、四個人在一旁監聽，不停傳紙條，試圖弄清楚令人困惑的現場情勢。我們其中一人評估電話另一頭主腦的情緒，另一人負責聽讓我們進一步掌握情勢的線索，所有人各司其職。

我的學生有些不太能接受這個概念，他們問：「眞的假的，眞的需要動用一整個團隊……就爲了聽一個人說話？」我的回答是ＦＢＩ居然得這麼做，大家就知道好好聽別人說話，有多麼不容易。

我們人是一種很容易分心的動物，總是選擇性聆聽，只聽進想聽的話。大腦的認知偏誤會尋求一致性，而不是尋求事實，此外還有各式各樣的干擾。

許多人在談判時，腦中想的都是能支持自身立場的論證，聽不進別人說的話。喬治・米勒（George A. Miller）最常被引用的心理學研究指出[1]，人類的意識一次大約只能處理七個資訊。換句話說，我們很容易被資訊淹沒。

對於把談判視爲辯論賽的人來說，腦中的聲音淹沒他們。他們不講話的時候，腦中想著自己的論點。講話的時候，則在提出自己的論點。談判桌的兩方經常同時做這種事，因此會出現我所說的「精神分裂狀態」：每個人只聽進自己腦中的聲音（而且也沒聽清楚，因爲他們同一時間還在做七、八樣其他的事）。表面上只有兩個人在對話，但實際上更像是四個人同時在發言。

有一種很有效的方法，可以讓我們和對方腦中的聲音同時安靜，一石二鳥，一次解決兩個精神分裂患者。那個方法就是不要把自己的論點擺在最重要的位置——一開始，完全別去想自己要說什麼，把全部的注意力放在對方想說的話，進入眞正的「積極聆聽」模式。先進入聆聽模式，再加上後文會介紹的技巧，就能解除對方心防。心神一安定，腦中的聲音自然會平息下來。

各位要做的事，就是找出另一方眞正要的東西（金錢需求、情感需求，或是其他各種需求），讓對方安心到願意開口，說出自己的要求。他們講個不停的時候，我們就能找出他們眞正的目的。人很容易滔滔不絕講自己要什麼，因爲說出自己的要求，是在試圖取得上風，維持談判開場時主導權在自己手上的假象。需求意味著生存，人爲了求生存，會做很多事，人脆弱的地方就在這裡。然而，談判的開頭不該是我們想要什麼，也不是我們需要什麼，我們應該從聆聽著手，把注意力放在另一方身上，安撫對方的情緒，建立足夠的信任感與安全感，接著才有辦法展開眞正的對話。

我們和電話那頭的歹徒，還有很長的路要走。他一直在施放奇怪的煙霧彈，不肯說出自己的名字，還試圖遮掩聲音，一直告訴喬，他正在用擴音功能講話，好讓銀行裡所有的人都能聽到，還會突然要喬等一下，就切斷電話。他一直在講箱型車的事，說他和同夥的人希望我們準備一輛車，讓他們載著自己和人質到附近投降。這個要求很詭異，不過很理所當然，因爲那不是爲了投降，而是逃跑計劃中的一環。他認爲自己有辦法神不知鬼不覺地離開銀行，現在司機跑了，得弄到一輛車，才能離開搶案現場。

案件落幕後，我們才知道自己不是這名主腦唯一欺騙的人。顯然他沒告訴同伴，他們那天早上要去搶銀行。他是大通的運鈔員，同伴還以爲要去偷ATM，根本沒答應挾持人質，因此某種意義上來講，他的同夥也是人質，無意間陷進無法脫身的情境——最後是搶匪之間的「溝通不良」，讓我們有辦法見縫插針，打破僵局。

慢……慢……來

搶匪主腦想讓我們以爲，他們一夥人善待身旁人質，一直在照顧他們的需求，然而事實上，警衛早就被關到其他地方，第二名行員也躲進銀行地下室。每次喬要求和人質講話，他就拖時間，假裝銀行內正在發生很多事，仔仔細細告訴我們，他們一夥人花了多少時間和力氣照顧人質，一直以照顧人質爲由，要喬等一下，或是直接切斷電話，說什麼「女孩們要去上廁所」、「女孩們想打電話給家人」、「女孩們想吃東西」。

喬做得很好，讓歹徒一直講話，然而他有一點受限於警方的談判方式。當時的談判方法一半是「瞎掰」（MSU, Making Shit Up），一半是銷售手法，基本上就是用各種手段試圖說服、強迫或操縱。這類方法的問題在於太心急，逼得太緊，想立刻看到成效，試圖解決問題，**沒能說動對方的內心**。

衝太快是所有談判人員都很容易犯的錯。太心急的時候，對方會覺得我們沒好好聽他們說話，先前建立起來的融洽氣氛與信任感，因而被破壞。目前許多研究證實，「事緩則圓」是談判者最重要的工具。慢下步調，是在讓氣氛鎮定下來，畢竟人在講話時無法開槍。

搶匪開始抱怨肚子餓的時候，我們逮到空檔。喬和他們一來一往，認眞討論起他們要吃什麼，以及我們如何送食物進去。我們打點好一切，用綁匪覺得可以安心的方式，準備用某種機器人裝置送食物進銀行，但對方突然改變心意，說不用送了，他們已經在銀行內找到吃的東西。對方設下一道又一道的牆，一次又一次的煙霧彈，每當我們覺得談判似乎小有進展，對方就突然轉彎，有時掛掉電話，有時改變說法。

我們在通電話的同時，調查人員抓緊時間，調查附近街道出現過的數十部車輛，還和所有車主講到話，只有一輛車找不到人：一輛登記在克里斯・瓦滋（Chris Watts）名下的車。這輛車成爲當時唯一的線索。我們在電話上和搶匪不斷你來我往，但同時也派出一組調查人員到克里斯・瓦滋的登記地址，找到了一個認識他的人，並同意到現場指認。

由於我們看不見銀行內部的情形，證人無法「目擊」，只能「耳擊」——他認出電話那頭的確是瓦滋的聲音。

這下子，我們掌握對手更多資訊，他還以為我們什麼都不知道，我們暫時取得優勢。拼圖正在一塊一塊拼起，但離遊戲結束還早得很。我們得確認建築物內部有哪些人，確認人質的健康情形，還得安全救出所有人——好人、壞人都得弄出來。

聲音

五小時後，談判毫無進展，分隊長要我接手。喬下場，我上場。基本上這只是策略性的人員調度，不代表武力配置升級。

我們目前得知歹徒的名字是克里斯・瓦滋。瓦滋習慣突然掛電話，因此我的任務是想辦法讓他一直講話。我切換至低沈、輕柔、和緩、撫慰人心的夜間**FM頻道的DJ聲音**，我得到的指示是盡快與瓦滋對質身分。此外，我被要求違反標準做法，無預警地代替喬上場。紐約市警察局分隊長這一招很聰明，讓歹徒措手不及，但很容易擦槍走火，此時安撫的嗓音是化解緊張氣氛的關鍵。

瓦滋一在電話上聽見我的聲音，就立刻打斷我——「怎麼回事，喬在哪裡？」

我回答：「喬離開了，我是克里斯，接下來由我和你對話。」

我沒請求對方答應，而是用音調下降的方式，表明由我和他對話。「夜間FM頻道的DJ聲音」是一種鎖定、理性的聲音。

人們在思考談判策略或談判方法時，很容易把所有的注意力放在要講什麼、要做什麼，然而最簡單、立即奏效的方法，就是**做平常的自己**就好（拿出一般的行爲舉止與說話方式）。我們的大腦不只會試圖理解他人的行爲與說話內容，還會試圖抓住他人的情緒與意圖，也就是行爲背後隱含的社交意義與情緒。我們幾乎是下意識明白別人在想什麼，不靠任何形式的思考去理解，而是眞的靠抓住對方的感覺。

各位可以把這種能力想像成某種發生在無形之中的讀心術——我們每個人隨時都在向身邊的世界發送訊息，透露出我們準備好要參與還是要逃跑，要笑還是要哭。

我們散發出溫暖、包容的氣質時，對話會自然而然發生。我們自在、熱情地走進一個地方時，人們會被我們吸引。我們對著街上的路人微笑時，人們的反射動作也會是對著我們微笑。天底下所有的談判技巧，幾乎都與理解與運用人類反射有關。

那也是爲什麼在任何口頭溝通情境中，聲音是最強大的武器。我們可以靠著聲音，鑽進他人腦袋，切換裡頭的情緒開關，把不信任變成信任，緊張換成鎮定。只要說話的聲音對了，就能瞬間轉換他人情緒。

談判專家基本上有三種聲音模式：一、深夜FM電台的DJ聲音，二、正面／風趣的聲音，三、直接或自信十足的聲音。我們暫且不必管自信十足的聲音，因爲除了十分罕見的例子，使用這種聲音是在扯自己後腿，等於是在向對方宣布，我們才是老大，這會造成對方奮力抵抗或以退爲進，忙著掙脫掌控。

絕大多數的時候，我們應該使用正面／風趣的聲音，好相處、隨和的人說話就像那樣。態度要輕鬆，鼓勵另一方發言，關鍵是說話時要放鬆與微笑。就算是在講電話，看不到臉，微笑依舊會影響我們說話的語氣，而且對方也聽得出來。

說話語氣帶來的效果超越文化，就算雙方語言不同也一樣。有一次，我們黑天鵝集團的某位講師，和女朋友到土耳其度假，他覺得很奇怪，而且有點糗，因爲兩人在伊斯坦堡香料市場和小販討價還價時，每次都是女友比較成功。對於中東各地的市場攤販來說，殺價是一門藝術。小販擁有強大EQ，靠熱情吸引顧客上門，讓顧客以相同的友善態度回應，最後乖乖掏出錢包。不過，這種事是雙向的，我們的講師觀察女友怎麼做，結果發現她每次出馬殺價，都當成一場好玩的遊戲，因此不管她出的價有多狠，她的微笑、她開玩笑的舉止，都讓攤販朋友想做成這筆生意。

人類處於正面心境時，頭腦轉得快，也更可能選擇一起合作解決問題（而不是反抗與抗拒）。不論是自己微笑，或是看到別人微笑都一樣：臉上有笑容，聲音有笑意，都能增加思考的靈活度。

不過，風趣不適合用在瓦滋身上，我得讓深夜ＦＭ電台的ＤＪ聲音派上用場。說話時語調往下降，暗示自己掌握住情勢。慢慢地、清楚地說話，是在表明：**這裡由我做主**。語調如果提高，則會引發對方回應。爲什麼？因爲聲音上揚會傳達某種程度的不確定感，讓聲明聽起來像在問問題，等於在給對方機會主導，因此我小心翼翼維持沈穩的聲音。

我個人在談合約時，如果碰上沒有商量餘地的事項，也是用深夜電台聲音，像是如果碰上聘雇條款，我會說：「我們不接受聘雇模式。」就那樣簡單一句話，友善，但直截了當。我不會提供替代選項，因爲替代選項會帶來商量空間，我會直接表明立場。

當年的銀行搶案，我就是這樣處理。我告訴瓦滋：「喬離開了，接下來由我和你對話。」

沒有商量餘地。

說話可以直接、一針見血，前提是我們說話的聲音，要讓對方感到心安，傳達出「我OK，你OK，我們一起想辦法解決這件事」的訊息。

情勢正在轉變。瓦滋被殺個措手不及，但他還有撇步。另一個搶匪到地下室，把一名女行員帶上樓。先前她躲到銀行深處，但瓦滋一夥人沒去追，因爲他們知道她無法逃到外頭。搶匪把女行員拖上樓，要她接電話。

女行員說：「我沒事。」就這樣一句話而已。

我問：「妳是誰？」

她說：「我沒事。」

我希望讓女行員繼續講話，因此我問她的名字，但我一問，電話那頭就沒了聲音。

瓦滋這一招很聰明。他用女行員的聲音逗我們，威脅我們，但做得很含蓄。這是壞人在電話那一頭，用不讓情勢升溫的方式告訴我們，他才是老大。他給了我們「人質還活著的證明」，證實手上的確有人質，而且人質情況好到可以講電話，但又突然切斷對話，不讓我們有機會蒐集有用資訊。

他的確奪回上風。

鏡像模仿

瓦滋表現出若無其事的樣子，繼續和我們通話，不過他有一點亂了陣腳，開始透露訊息。

「我們已經確認過街上每一台車，也聯絡上所有車主，只有一個人找不到。」我告訴瓦滋，「我們手上有一輛箱型車，藍灰色的，我們已經掌握所有車主，只有這輛車找不到主人，你知道是怎麼一回事嗎？」

「你們找不到人，是因爲你們嚇跑了我的司機……」他脫口而出。

「我們嚇跑了你的司機？」我模仿他講話。

「沒錯，他看到警察就跑了。」

「我們對這個人一無所知，他是負責開那台箱型車的人嗎？」我問。

就這樣，我和瓦滋進行鏡像模仿對話，瓦滋說出一連串對自己不利的話。以我的顧問公司的術語來講，他開始「吐出資訊」，說出我們先前不知道的共犯，我們因而得以鎖定負責開車接應的車手。

「鏡像模仿」（mirroring）亦稱爲「趨同行爲」（isopraxism），基本上就是模仿的意思，那是人類（及其他動物）會展現的神經行爲，我們靠著模仿彼此，互相撫慰，例如模仿說話模式、肢體語言、語彙、說話節奏，以及語氣。一般而言，模仿是一種下意識行爲，我們很少發現這件事，不過出現模仿行爲，代表雙方正在培養關係，步調一致，營造出培養信任感的和諧氣氛。

鏡像模仿這種現象（今日成爲一種技巧）遵守著非常基本、但影響深遠的生物原則：我們害怕「不同」，而受「相同」吸引。俗話說「物以類聚」，我們刻意模仿他人時，是在營造「同類」的感覺，傳達訊息給對方的下意識：「相信我，你和我——我們是同類。」

各位一旦熟悉這種人際互動後，就會發現這種現象無處不在：街上散步的情侶步伐一致，公園裡在聊天的朋友同時點頭，同時翹腳。簡單來講，這些人「連結」在一起。

鏡像模仿通常是非口頭的溝通形式，最常見的是模仿肢體語言，不過談判者的「鏡像模仿」完全專注於說話內容，不模仿肢體語言。不模仿口音，不模仿語氣，也不模仿講話方式，只模仿說話內容。

這種類型的模仿，簡單到幾乎可笑的程度：對ＦＢＩ而言，「鏡像模仿」是指重複另一方剛剛說完的最後三個字（或是最關鍵的一至三個字）。ＦＢＩ的人質談判工具箱中，「鏡像模仿法」最接近絕地武士的心靈控制技巧，簡單，但有效到不可思議。

重複他人說過的話會引發模仿直覺，對方將忍不住解釋自己剛才說過的話，以保持在連結狀態。心理學家李察・韋斯曼（Richard Wiseman）做過一項研究，請服務生找出與陌生人建立連結最有效的方法。是「鏡像模仿」？還是「正增強」？

正增強組的服務人員大力讚美與鼓勵顧客。客人說出指示時，他們會說：「太好了」、「沒問題」、「當然好」。鏡像模仿組的服務人員則簡單複述客人要求的事。實驗結果很驚人：模仿組的服務生拿到的小費，比正增強組高七成。

我決定是時候拋出瓦滋的名字，殺他個措手不及——讓他知道我們摸清了他的底。我說：「我們手上有一輛車，這輛車登記在克里斯．瓦滋名下。」

瓦滋完全不動聲色，只說：「這樣啊。」

我問：「瓦滋在裡面嗎？那是你的名字嗎？你是克里斯．瓦滋嗎？」

太愚蠢了，我犯下錯誤，問了笨問題。鏡像模仿要有效，前提是得留一段沈默時間，讓模仿自己發生效果。我踩壞自己的鏡子，話一說出口，立刻後悔不迭。

「你是克里斯．瓦滋嗎？」

我這麼問，是想叫對方回答什麼？對方當然說「不是」。我做了蠢事，讓瓦滋得以躲開這次的對質，不過他很自然地開始心慌。直到這一刻之前，他以為沒人知道他的身分。不管他先前在腦中幻想什麼情境，他覺得自己都有辦法逃脫，一切可以重來，但現在知道事情和想的不一樣。我冷靜下來，稍微放慢對話速度，而且模仿過後就閉上嘴——我說：「不是？你剛才說『這樣啊』。」

我想我成功了。瓦滋的聲音激動起來，脫口而出幾件事，吐露了更多資訊，後來慌亂到乾脆不講話。接下來，他的同夥突然接起電話，我們得知他叫巴比．古德溫（Bobby Goodwin）。

在這之前，我們完全沒有這個第二名人質挾持者的任何資訊。我們知道瓦滋不是獨立犯案，但不清楚有多少人一塊策劃這起搶案。那名搞不清楚狀況的共犯接起電話，還以為我們這邊接聽的人，是警方先前的談判人員。我們之所以知道他搞錯人，是因為他一直叫我「喬」，顯然他一開始就參與此事，但談判僵持不下時，他知道的不多。

電話那頭突然換人，至少讓我知道，歹徒並非處於同心協力的狀態——我並沒有立刻糾正我不是喬。

還有一件事：第二名歹徒說話的聲音，聽起來像是摀著毛巾或運動服，甚至像是嘴裡咬著某種織物。他費這麼大工夫隱藏自己的聲音，顯然怕極了，焦慮這場對峙會演變成什麼情勢。

我試著安撫他——依舊使用沈穩的ＤＪ聲音。我說：「沒有人會輕舉妄動。」我說：「沒有人會受傷。」

大約過了一分半鐘，那個人似乎沒那麼驚慌了，也不再摀著布講話，聲音清晰起來。他說：「我信任你，喬。」

我設法讓第二名歹徒繼續講話，從他的話中，聽出他顯然被困在不想待的地方。巴比想退出——還有當然，他想毫髮無傷地走出銀行。他已經陷得太深，不想繼續陷下去。他那天起床時，沒計劃搶銀行，聽到電話上我冷靜的聲音之後，開始覺得事情有退路。全球第七大常備軍正在銀行門口待命——沒錯，紐約市警方的總規模就有那麼龐大，槍口瞄準著巴比和他的同夥，巴比顯然非常想活著走出銀行的門。

我不曉得巴比人在銀行何處。直到今日，我依舊不知道他當時是想辦法偷偷和我們聯絡，還是就在瓦滋面前和我通電話。我只知道自己抓住他全部的注意力，而且他正在想辦法結束這場對峙——或至少他自己想抽身。

我後來得知，瓦滋沒在電話上時，正忙著把現鈔藏進銀行牆壁，還在兩名女性人質面前燒掉成堆鈔票。乍聽之下，他的行爲很詭異，然而瓦滋這種人自有一套邏輯。顯然他認爲如果帳面上少了三十萬，自己燒了五萬元，銀行就不會追究剩下的二十五萬去了哪裡。這是有趣的障眼法——不是很聰明，不過很有趣。燒錢顯示瓦滋對細節有奇怪的執著。他打著如意算盤，要是能逃出這個自己弄出來的牢籠，躲個一陣子，就能回來取走藏著的錢——已經不在銀行帳目上的錢。

我喜歡第二名歹徒巴比，因爲他完全沒試圖在電話上玩遊戲，有話直說，因此我能跟著有話直說。我透露資訊，他也透露資訊，一來一往。經驗告訴我，只要讓他一直講話，他就會投奔我們這一方。我們會想辦法把他弄出銀行——有沒有瓦滋都一樣。

隊員遞給我一張紙條：「問他想不想出來。」

我問巴比：「你想先出來嗎？」

我停下不說話。

過了好一陣子，巴比終於回答：「我不曉得怎麼出去。」

「你現在爲什麼不能出來？」我問。

「我要怎麼出去？」他再問一遍。

「這樣吧，你現在就到前門，我在那裡等你。」

這是突破性的一刻，但我們依舊得想辦法讓巴比出來，讓他相信我就在門的另一頭等他。先前我向他保證，由我接受他投降，他不會受傷，而現在是實踐諾言的時候——執行讓人走出來的這個步驟，通常是最棘手的部分。

我們的小隊連忙想出辦法。我穿上防彈裝備，大家掃視現場，判斷我可以守在銀行前方一台大卡車後方，用車子當掩護，以防萬一。

接著我們進入最混亂的情境，每一組人馬都不曉得另一組人馬在做什麼。先前爲了預防搶匪逃跑，對峙一開始，我們就在銀行大門外設下路障。當然，某種程度上，我們這一方全都知道這件事，然而巴比投降、走出門外時，我們的大腦全像是處於睡眠模式。SWAT 團隊中，沒有任何人想到要提醒談判團隊這個重要細節，因此巴比有好一陣子出不來，我心中浮現很不祥的預感，擔心先前說服巴比投降的進展會化爲泡影。

我們手忙腳亂解決問題。很快地，兩名 SWAT 隊員帶著防彈盾，持槍靠近銀行入口，解開封住門的大鎖與障礙物——此時他們尚不知道門後方是什麼。這是千鈞一髮的時刻，門一開，可能有十二把槍指著兩名 SWAT 隊員，不過他們唯一能做的事，也只有放慢動作。兩位特警鐵漢打開門，後退，終於可以進行接下來的步驟。

巴比走出來——雙手高舉在半空。我先前已經指示過他出來時該做什麼，以及他會看到什麼。兩名 SWAT 特警搜他的身，他轉身看了看，問：「克里斯在哪裡？帶我去見克里斯。」

最後，SWAT的隊員帶巴比來見我，我們在臨時指揮站問他銀行內部的情形，第一次得知銀行內，一共只有另一名綁匪——這個消息自然讓指揮官勃然大怒。我後來才發覺，但我能理解，爲什麼最新事態令他憤怒又尷尬。他從頭到尾都告訴媒體，銀行內有一大群歹徒——還記得嗎，跨國犯罪集團？然而基本上一共只有兩人，其中一人還是被騙來的，實情讓指揮官看起來完全在狀況外。

不過，我剛才說了，當時我們不知道指揮官心中的反應，只知道太好了，看來事情很快就能解決，不會像先前預估的那麼麻煩，眞是値得慶賀的好事一樁。依據新情報，剩下的談判會很簡單，然而指揮官暴跳如雷，因爲他被擺了一道。他去找紐約市警方的「技術援助反應部隊」（Technical Assistance Response Unit, TARU），要他們在銀行內部裝設攝影機、麥克風……不管裝什麼都好。

由於我現在負責和巴比待在一起，指揮官把我換下場，要另一名談判專家接手講電話。新談判人員採取我幾小時前相同的手法，告訴對方：「我是多明尼克，現在由我接手。」

多明尼克・米希諾（Dominick Misino）是優秀的人質談判專家——在我眼中，他是全球最高明的「成交大師」，也就是負責談妥最後細節、敲定談判的人員。他永遠不慌不忙，很有一套。

事實上，多明尼克是有街頭智慧的那種人。

多明尼克上場，接著奇蹟發生——差點釀成悲劇的奇蹟。瓦滋和多明尼克通電話時，聽見背後有電鑽在挖牆，那是技術組人員裝竊聽器的聲音——完全錯誤的地點、完全錯誤的時間。瓦滋原本就已經夠緊張，同伴投降了，留他一個人被圍困，現在又聽見我們的人在鑽牆，情緒一下子爆發。

他像一頭被逼到牆角的比特犬，大吼多明尼克是騙子。多明尼克臨危不亂，瓦滋在電話那頭叫囂時，他依舊保持鎮定，最終他冷靜的態度，讓瓦滋也慢慢冷靜下來。

現在回想起來，到了最後階段才在銀行內裝設竊聽器，實在不是明智之舉——完全是出於沮喪與驚慌所做的事。我方原本已經讓一名歹徒離開銀行，但現在主導權又回到敵方。我們嚇到了唯一剩下的人質挾持者，沒有人知道他會不會失控開槍。驚嚇歹徒絕不是好事。

多明尼克努力挽回局面時，瓦滋突然出招，問：「如果我讓一名人質離開呢？」

這句話完全出乎意料，多明尼克甚至沒想過要求這件事，但瓦滋主動提出讓一名行員離開，聽起來完全像是隨口一問。然而，對峙已經進入最後階段，顯然不會是隨口拋出的一句話。從瓦滋的角度來看，這個友好的舉動，可以替他爭取到更多逃跑時間。

多明尼克依舊冷靜，但抓住機會。他告訴瓦滋自己想先和人質說話，確認他們安然無恙，因此瓦滋要一名女行員聽電話。女行員一直在觀察情勢，知道剛才巴比投降時一團混亂，因此雖然驚嚇過度，但還想到要問大門的事。我記得當時覺得這名行員實在勇敢，儘管被挾持，還被粗暴對待，早已嚇個半死，但頭腦依舊清楚。

女行員問：「你確定你們有前門鑰匙嗎？」

多明尼克回答：「前門是開著的。」

他說的是真的。

最後，兩名女行員中，其中一名安全離開銀行。一個多小時後，另一名女行員也走了出來，同樣沒有受傷。

接下來，我們想營救銀行警衛，但兩名女行員的證詞，無法讓我們確認他目前的情況。我們不知道他是否還活著。早上搶匪一出現，她們就再也沒見過他。說不定他已經死於心臟病發，我們無從得知眞實情況。

然而，瓦滋袖子裡藏著最後的法寶。他迅速出招，突然說要投降。他可能以爲，自己可以在最後一秒讓我們措手不及。他步出銀行時模樣很怪，東張西望，掃視著四周，好像覺得自己可以找到一個空檔，順利逃跑。就連警方將他戴上手銬時，他的視線還在張望，搜尋著四周的某種機會。刺眼的亮光打在他身上，他被團團圍住，但轉個不停、還在出主意的大腦依舊認爲天無絕人之路。

那一天十分漫長，但最後順利收尾，沒人受傷，歹徒被收押。我感到自己實在還有太多東西要學，但也興奮不已：是眞的，靠著很基本的情緒力量、對話，以及FBI不斷進化的應用心理學工具箱，眞的就能影響與說服任何情境中的任何人。

打從第一天進入高風險談判領域，數十年來，我一再感到驚奇，看似簡單的方法，眞的能夠發揮強大效果。只要運用相關技巧，再加上隨時依據新證據隨機應變，就能進入對手的腦袋——最終操控他們的情緒。我平日向企業主管與學生傳授相關技巧時，永遠強調就算理站在我們這一方，不代表就能贏得談判——正確的心態才是關鍵。

如何不引發衝突也能對抗，還如願以償

先前我半開玩笑地告訴各位，鏡像模仿是一種魔法，有如絕地武士的心靈技巧，因爲我們有辦法既不認同對手，但又不會破壞雙方感情。

鏡像模仿究竟多有用？請各位先想像一般的職場：總會有某個主管靠著咄咄逼人，甚至完全用嚇唬的方式，維持自己的權威形象。他們採取那種「老派的」、由上而下的發號施令管理方式，以爲老闆永遠是對的。我們就不要再自

己騙自己了，不管今日的「新派」做法有多開明，不論是在職場或任何場合，我們依舊會碰上有 A 型強迫人格的人，那種人的心態不是團結合作，而是喜歡別人聽令於他們。

各位如果硬碰硬，用比特鬥牛犬的方式對待另一頭比特犬，只會狗咬狗一嘴毛，雙方滿懷恨意與受傷情緒。幸好，還有另一種方法。

很簡單，一共只有四個步驟：

一、拿出深夜 F M 電台的 D J 聲音。

二、開頭先講「眞不好意思……」（I'm sorry…）

三、鏡像模仿。

四、不要說話，至少等待四秒鐘，讓鏡像模仿在對方身上發揮神奇魔力。

五、重複前述步驟。

我的一個學生，曾經在辦公室體會到這個簡單方法多有效。她的主管老是想到什麼就做什麼，沒事就「順道拜訪」，讓所有人火大不已。他會突然衝進下屬的辦公室或隔間座位，劈頭交代沒經過通盤考量的「緊急」工作，製造許多不必要的工作量。就算據理力爭也沒用，這名主管只會把「還有更理想的辦法」，立刻解讀爲「想偷懶」。

有一次，這名主管在一場冗長協商的最後階段，突然又「順道拜訪」。那場協商一共生出好幾千份文件，而這位依舊不相信「數位」技術的主管覺得，還是有紙本比較好。

他探頭進我學生的辦公室，告訴她：「所有的文件都要有一式兩份的紙本。」

「不好意思，兩份？」我學生運用鏡像模仿，不只記得端出ＤＪ的聲音，還記得用上問句式的鏡像模仿。鏡像模仿的主要目的是：「請幫助我了解你的意思」。每當我們靠著鏡像法模仿他人，對方就會換一種方式再說一遍，不會說出和先前一模一樣的話。如果直接問：「你剛才那句話是什麼意思？」對方可能不高興，覺得我們在質疑他，鏡像模仿則讓對方說明自己的話，但依舊覺得我們尊重他、只是想確認他的意思。

「沒錯，」主管回答，「一份給我們，一份給客戶。」

「不好意思，您的意思是說，客戶在要紙本，還有我們自己也要一份，供內部使用？」

「我來問一下客戶需不需要——他們其實沒要求任何東西，但我一定需要一份紙本，那是我做事的方法。」

「沒問題，」我的學生回答，「感謝您幫忙與客戶確認。我們自己這一份要放在哪裡？檔案室沒空位了。」

「沒關係，妳想放哪就放哪。」主管這下有點不安。

「想放哪就放哪？」我學生再次使用鏡像法，冷靜追問。一個人的語氣或肢體語言不符合說話內容時，高明的鏡像模仿特別有用。

主管這下子安靜了好幾秒——這種事不常發生。我學生靜靜坐在位子上等。「這樣吧，放我辦公室好了。」主管表現出先前沒有的冷靜，「我看等這個專案結束後，請新助理幫我印，現在先弄兩份電子檔備份就好。」

一天後，主管寄電子郵件給我學生，上頭簡單寫著：「只要兩份電子檔就好。」

不久後，我接到這位學生欣喜若狂的信：「我眞不敢相信！我愛死了鏡像模仿法！整整少了一星期的工作量！」

各位剛開始運用鏡像模仿法時，會感到渾身不自在，然而這個技巧唯一麻煩的地方，就是最初需要稍微練習一下。一旦多練習，鏡像模仿法就會成爲一把萬能的對話瑞士刀，在所有專業與社交情境都能派上用場。

■本章重點回顧

所謂的談判，基本上就是透過對話，建立和諧氣氛：快速建立關係，讓人們願意說出心裡的話，大家一起想辦法。依照這個定義來看，誰是史上最優秀的談判專家？答案讓人嚇一跳——各位可以想一想主持人歐普拉（Oprah Winfrey）。

歐普拉每天都在電視上示範優秀談判技巧：她一上台，就得和素昧平生的人面對面對談，底下是數百名擠滿攝影棚的觀衆，另外還有數百萬坐在家中的電視觀衆。她的任務是說服眼前的來賓，說出有時不利於自己的話，而且要一直講，一直講，不能冷場，最後和全世界分享心底最深處的祕密，那件他們已經藏了一輩子的事。

各位可以在讀完本章後，仔細觀察這一類的互動，恍然大悟專家是怎麼做的：可以緩和緊張氣氛的微笑、暗示自己心有同感的口頭與肢體語言（令對方感到安心）、音調往下走的沈穩聲音、詢問或避開某些類型的問題——各位一旦學著運用這些先前沒發現的技巧，就會體驗到箇中妙處。

本章提到幾個各位可以帶著走的關鍵概念：

■ 優秀的談判人員上場時，知道自己得準備好迎接突發狀況。頂尖的談判專家則更進一步，利用技巧，讓已知絕對會出現的「意外之喜」現形。

■ 別過分執著於自己的看法，當成有待驗證的假設就好，並在談判時加以測試。

■ 對於把談判視爲辯論賽的人來說，他們腦中的聲音淹沒他們。然而談判不是一場戰役，而是一場發現之旅，目標是盡量找出全部資訊。

■ 讓腦中聲音安靜下來的方法，就是把全部的注意力放在對方身上，注意聽對方想說什麼。

■ 慢—慢—來。談判者很容易犯的一個錯誤，就是衝太快。太急切的時候，對方會覺得自己的話沒被聽進去，先前建立的和諧氣氛與信任感會被破壞。

■ 臉上要帶著微笑。人類處於正面心境時，頭腦動得更快，更可能選擇一起合作解決問題（而不是反抗與抗拒）。不論是我們，或是我們的對手，正面的心態能夠增加思考的靈活度。

■ 談判者可以使用三種語氣：

一、深夜FM電台的DJ聲音：視情況使用這個聲音，可以強調重點。請讓自己的音調往下降，保持冷靜，緩緩地說話。如果運用得宜，可以營造出權威感與信任的氛圍，但又不會引發防衛的態度。

二、正面/風趣的聲音：我們應該把這種聲音當成「預設值」聲音，表現出自己是好相處、和藹可親的人。保持輕鬆的態度、鼓勵他人發言，關鍵是說話時要放鬆與微笑。

三、直接、自信十足的聲音：談判人員很少使用這種語氣，這種語氣會有反效果，讓對方想反抗。

■鏡像模仿法像魔術一樣神奇，方法是重複對方剛說完的最後三個字（或是最關鍵的一至三個字）。人類害怕「不同」，而受「相同」吸引。鏡像模仿是在營造「同類」的感覺，幫助雙方建立關係。使用鏡像模仿，可以讓對方產生同理心，與我們建立連結，也能鼓勵對方發言，替我方爭取到重整旗鼓的時間，還能促使對手透露自己的策略。

第3章
重點不是感同身受，而是說出對方的痛苦

一九九八年某一天，在紐約高樓林立的哈林區。我以「紐約市ＦＢＩ危機談判小組」組長身分，站在一棟公寓二十七樓外的狹窄走道，那天由我擔任主要談判人員。

調查小組回報，公寓內至少躲著三名持有大量武器的逃犯。幾天前，這群逃犯在一場槍戰中，用自動武器和敵對的黑道火併。紐約市ＦＢＩ霹靂小組在我後方待命，狙擊手在附近建築物屋頂上，用步槍瞄準公寓窗戶。

在此類緊張情勢，傳統談判通常是建議擺出撲克臉，不動聲色。一直到了近日，多數學者與研究人員都無視情緒在談判中扮演的角色，認為情緒只會妨

礙談判，大家的口頭禪是「問題和人要分開」。

然而各位想一想，如果問題就出在情緒，要如何分開人和問題？而且當事人還是拿著槍的亡命之徒。情緒是溝通無法順利進行的主因，人與人之間有怨懟時，不可能理性。

因此，談判專家不會無視於情緒，假裝它們不存在，而會辨認情緒，試圖加以影響。優秀的談判者有辦法精準指出他人情緒，對自己的心情尤其瞭若指掌。一旦有辦法幫情緒貼上標籤，就有辦法談論它們，不受影響。對談判專家來說，情緒是一種工具。

情緒不是談判的阻礙，而是可以利用的工具。

EQ高的談判者與對手之間的關係，其實有如心理治療。一方是心理治療師，一方是病人。心理治療師會多方試探，找出病人的問題，接著把病人的反應丟回給他們，讓他們進一步探索自己並改變行爲。談判專家的工作，其實就是這麼一回事。

若想擁有談判專家的高EQ，首先得打開自己的五感，少講，多聽。光是靠著「看」與「聽」，睜亮眼睛，打開耳朵，閉上嘴巴，幾乎就能得知一切必要資訊——遠遠超過人們願意透露的事。

各位閱讀接下來的章節時，可以想像心理醫生的沙發。拿出撫慰人心的聲音，專注聆聽，再加上冷靜重複「病患」所說的話，效果將遠勝冷靜、理性的辯論。

各位可能覺得這方法聽起來有點肉麻，但如果能體察他人情緒，就有機會讓情緒變成自己的優勢。愈了解一個人，你的力量就愈大。

戰術性同理心

那一天，我們在哈林區碰上大難題：我們不曉得歹徒的電話號碼，沒辦法打電話過去。因此，整整六小時，我得對著公寓門講話，每隔一段時間，會有兩名正在學危機談判的 FBI 探員接手，讓我休息一下。

我拿出我的深夜 FM 電台 DJ 聲音。

那一天，我沒用 DJ 聲音下令，也沒用 DJ 聲音問逃犯要什麼。我所做的事，是想像他們的處境。

「看來你們不想出來，」我反覆說出這句話，「看來你們在擔心，要是開門，我們會進屋掃射。看來你們不想回監獄。」

整整六小時，我們的話完全沒得到任何回應。ＦＢＩ教練愛死我的ＤＪ聲音，但這招管用嗎？

就在我們幾乎確信屋裡根本沒人的時候，隔壁建築物的狙擊手用無線電通知，他看見公寓窗簾動了。

公寓前門慢慢打開，一個女人舉著雙手走出來。

我繼續講話，三名逃犯全部走出公寓。直到我們將他們戴上手銬，他們一個字也沒說。

接著，我問了心中最想知道的事：爲什麼他們在整整安靜了六小時後，決定走出來？他們最後爲什麼投降？

三個人給我一樣的答案。

「我們不想被抓，也不想被掃射，但你讓我們冷靜下來。」他們說，「我們後來相信你不會離開，所以我們出來。」

最讓談判者沮喪、心煩意亂的事，就是覺得自己對著裝聾作啞的人講話。裝笨是一種談判技巧，回答「我不懂」也是一種談判方法，但無視於對方的立場，只會帶來沮喪感，讓對方更不可能做我們要他們做的事。

「戰術性同理心」正好相反。

我在教談判的課上，告訴學生同理心是指：「有能力理解對手的角度，並且說出自己看出的事。」簡單來講，我們得把注意力放在另一個人身上，詢問他們的感受，努力理解對方眼中的世界。

請注意，我沒有提到各位得認同對方的價值觀與信念，也沒提到要給他們一個擁抱，那叫同情心，不是同理心。這裡談的是想辦法從他人觀點理解情勢。

同理心再進一步，則是「戰術性同理心」。

「戰術性同理心」是指理解另一方當下的心情與心態，而且聽出那些感受底下的東西，進而影響接下來的談判時刻。我們的注意力除了要放在眼前的情緒障礙，也要留心可以採取什麼方式達成共識。

換句話說，就是強化版的ＥＱ。

我以前在堪薩斯城當警察的時候，十分好奇爲什麼某幾位前輩如此厲害，有辦法讓暴力相向的憤怒人士停止械鬥，放下手中的刀槍。

每次我問前輩是怎麼辦到的，他們大都聳聳肩，說不出所以然。不過我現在知道答案是戰術性同理心。前輩和別人說話時，有辦法從對方的觀點出發，立刻判斷對方是爲了什麼正在做眼前的事。

大多數的人唇槍舌劍時，不太可能說服任何人接受任何事，因爲我們只知道、只關心自己的目標與觀點，然而最優秀的警察則知道要試圖理解另一方——了解自己的聽眾。優秀的警察知道要是拿出同理心，就有辦法影響聽眾並對話。

同樣的道理，矯正人員在接近獄中受刑人時，如果預期對方會反抗，對方通常就會反抗。然而，要是全身散發鎮定的氣息，受刑人八成會和平以對。這聽起來像是巫術，其實不然，只不過是矯正人員明顯把聽眾擺在心中時，就有辦法掌控情勢。

同理心是典型的「軟」溝通技巧，但擁有可靠的依據。我們近距離觀察一個人的臉部、姿勢、語氣時，大腦會在被稱爲「神經共鳴」（neural resonance）的過程中與對方同步，進而了解他們的想法與情緒。

普林斯頓大學（Princeton University）研究人員在功能性磁振造影（fMRI）的大腦掃描實驗中發現[1]，人們溝通不良時，神經共鳴會消失。研究人員有辦法靠著觀察當事人的大腦同步程度，預測他們的溝通效果。此外，研究人員發現最專心的人——優秀的聆聽者——甚至可以在另一方開口之前，就知道對方要說什麼。

各位如果希望增進自己的神經共鳴技巧，可以立刻練習一下，把注意力放在身邊正在講話的人，或是觀察電視上的受訪者。那個人說話的時候，想像自己就是他們。想像你處於他們形容的情境，細節愈多愈好，就好像你眞的身處現場。

不過在這裡提醒一句，許多傳統的談判人員認爲，這個方法既愚蠢又軟弱。

那種不以爲然的態度，問問前美國國務卿希拉蕊・柯林頓（Hillary Clinton）就知道了。

幾年前，希拉蕊在喬治城大學（Georgetown University）演講時，提倡「要表現出尊重，就算是面對敵人也一樣。我們應該試著理解他人，盡最大努力拿出同理心，想辦法理解對方的出發點與觀點」。

此話一出，各位不用想就知道結果。名嘴和政治人物砲火猛烈，說希拉蕊這番話無知又天真，甚至說這顯示她向穆斯林兄弟會（Muslim Brotherhood）靠攏，還說這下子她別想選總統了。

那一堆吵吵鬧鬧的聲音背後的問題，在於希拉蕊其實說得沒錯。

不去管政治的話，同理心的意思不是對另一方很好，也不是認同對方，重點在於理解。同理心讓我們得以找出敵人的立場，找出爲什麼他們的行動合乎邏輯（至少他們自己覺得合乎邏輯），以及什麼事可能觸動他們。

我們談判人員之所以運用同理心，原因是同理心有用。同理心是三名逃犯聽了我六小時的夜間ＤＪ聲音後走出公寓的原因。同理心讓我得以做到孫子所說的「兵法最高藝術」：不戰而屈人之兵。

貼上標籤

讓我們暫時回到哈林區公寓門口。

當時我們手中沒什麼牌，但如果你面對著被困在哈林區二十七樓公寓的三名逃犯，就算他們一個字也沒說，你也知道他們心中在擔心兩件事：他們怕被殺，也怕進監獄。

因此，有整整六小時，在公寓悶熱的走廊上，我和兩名ＦＢＩ談判學生輪番上陣，以免因爲疲憊而說錯話，或犯下其他失誤。我們不斷傳送訊息，三個人講一樣的話。

請留意我們當時說的話：「看來你們不想出來。看來你們在擔心如果開門，我們會衝進去開槍。看來你們不想坐牢。」

我們運用戰術同理心，先是判斷現場可以預料的情緒，接著說出來。我們不只從逃犯的立場出發，還看出並講出他們的感受，接著用非常鎮定又尊重的語氣，一再向他們重複他們體會到的情緒。

這種做法在談判上叫作「標籤法」（labeling）。

「標籤法」靠著說出某個人的情緒，證實對方的情緒。給別人的情緒一個名字，可以表現出我們懂得對方的感受，不需要先問我們一無所知的外在因素（「你的家人好嗎？」），就能更貼近那個人。各位可以把「標籤法」想成拉近距離的捷徑，一種節省時間的情緒駭客。

另一方很緊繃時，標籤法特別有用。把負面想法攤在陽光下——「看來你們不想坐牢」——可以讓對方不再那麼恐懼。

加州大學洛杉磯分校（University of California, Los Angeles, UCLA）心理學教授馬修．李伯曼（Matthew Lieberman）的大腦成像研究發現[2]，受試者看見流露強烈情緒的臉孔照片時，大腦產生恐懼感的杏仁核出現更活躍的活動。然而，受試者被要求說出情緒時，大腦活動會轉移至控管理性思考的區域。換句話說，替情緒貼標籤——把理性的話貼在恐懼上面——可以影響情緒的原始強度。

貼標籤是一項用途衆多的簡單技巧，可以強化談判的良好影響，也能淡化負面影響。不過，貼標籤的形式與做法有非常明確的規則，因而比較不像閒聊，比較像中文書法這樣一板一眼的藝術。

對多數人來說，貼情緒標籤是用起來最尷尬的談判工具。我學生第一次嘗試之前，幾乎每個人都告訴我，他們覺得對方會跳起來大叫：「你以爲你是誰，你怎麼會知道我的感受！」

讓我告訴大家一個祕密：對方甚至不會發現你用了這一招。

貼標籤的第一步是找出對方的情緒狀態。那次我們人在哈林區公寓門外，甚至看不見那幾名逃犯，不過大部分的時候，我們可以靠著對方說的話、語氣與肢體語言，得知大量資訊，這三個管道被稱爲「語言、音樂、舞蹈」（words, music, and dance）。

訣竅在於仔細觀察對方碰上外在事件時，出現哪些變化，而最常見的外在事件是你說的話。

如果你說：「你的家人如何？」結果對方說家人很好，但嘴角往下，你會察覺對方的家人並不是那麼好；如果提到某個同事時，對方的語氣乾巴巴的，那麼兩人之間可能有摩擦。如果你提到某個鄰居，房東卻下意識地腳動來動去，他可能不是太喜歡那個房客（本書第九章會再進一步談如何察覺與運用這類線索）。

靈媒就是靠蒐集小資訊通靈。他們評估客人的肢體語言，詢問看似無關的問題，幾分鐘後開始「算命」時，其實是依據剛才觀察到的小細節，說出對方想聽的話。出於這個原因，不少靈媒其實會是談判高手。

觀察到我們想強調的情緒後，下一步是大聲說出來。可以用敘述句，也可以用問句，差別只在句尾音調提高或下降。不過不管音調如何，標籤句的開頭都差不多：

似乎……

聽起來……

看來……

請小心，要說「聽起來……」而不是「我剛才聽到你說……」，因爲「我」這個字會讓人心中警鈴大作。說出「我」這個字，代表你關心的是自己，而不是對方，而且你將得爲自己接下來的話負起責任——萬一冒犯了對方，是你的問題。

然而，如果你的標籤是顯示出你理解對方的中性陳述，對方會想要回應，此時他們的回答，通常不會是簡短的「是」或「不是」，而會多講一點，而且如果他們不同意你給的標籤，也沒關係，因爲永遠有轉圜的餘地：「我並沒有說事情就是那樣，我只是說感覺像是那樣。」

標籤法的最後一條守則是沈默。一旦拋出標籤後，就靜靜聆聽。人會有想補充、想說完句子的衝動，例如一說完：「你好像喜歡那件襯衫的設計」，我們會想補上一個明確的問題，例如：「你在哪買的？」然而標籤的威力，就在於被貼標籤的一方會想要解釋自己。

如果各位願意姑且相信我，現在可以休息一下，試一試這件事：找個人聊天，接著幫聊天對象的情緒貼標籤——跟誰聊都沒關係，可以是郵差，也可以是你十歲大的女兒——接著不要說話，讓標籤發揮威力。

中和負面的事，強化正面的事

貼標籤是一種戰術，不是策略，就像湯匙是攪湯很好的工具，但不是食譜。各位如何運用標籤法，將大大影響成功的程度。要是運用得宜，談判時將能得知對手的心聲，逐漸讓對方想要合作、想要信任我們。

首先，要提一下人性心理。基本上，人的情緒有兩個層面：「露出來」的行爲，是突出在水面上、看得見也聽得見的部分；而「底下暗藏」的情緒，則是那個行爲的動機。

想像一下，祖父在全家一起過節吃飯時，不停發牢騷：他顯露的行爲是脾氣暴躁，然而隱藏的情緒，卻是孤獨引發的哀傷，家人很久沒來看他了。

此時，優秀的談判者如果使用標籤法，他們會處理祖父潛藏的情緒。標出負面情緒將可淡化情緒（極端的例子甚至能平撫情緒）；標出正面情緒則有強化的功能。

我們馬上回來講祖父脾氣差的例子，不過首先我想談一下憤怒這個情緒。憤怒的情緒很少能改善情況——不論是你，或是你要協商的對象，都不會得到好處。憤怒會釋放壓力荷爾蒙與神經化學物質，讓我們無法好好評估情境並做出反應，還會讓自己意識不到自己在生氣，誤把盛氣凌人當自信。

然而，我們也不該忽視負面情緒，發洩或無視同樣都不好，應該疏導才對。標籤法可以讓怒氣沖沖的對抗不再升溫，因為當事人會開始意識到自己的感受，不再一直用行為昭告自己的情緒。

在我人質談判生涯的早期，我學到一件很重要的事：要用不害怕但恭敬的態度引導負面互動。

有一次，我得彌補自己替自己挖的坑。我去加拿大的時候，惹惱了某位FBI高層，因為我沒事先通知他出國的事，讓他可以通報負責外交事務的國務院。我搞砸了「出國許可」手續。

我知道我得打電話給那位長官，請求他原諒，好亡羊補牢，不然可能會被驅逐出境。長官喜歡感到高高在上，不喜歡別人不尊重他們，尤其是平日掌管的業務並不誘人的主管。

對方一接起電話，我就說：「神父，我有罪，請寬恕我。」

電話那頭先是一陣很長的沈默。

「你是誰？」他問。

「神父，我有罪，請寬恕我。」我重複剛才的話，「我是克里斯．佛斯。」

電話那頭再度無聲了好長一段時間。

「你主管知道你在這裡嗎？」

我說知道，然後開始祈禱。這位FBI官員完全有權在電話上，就要我立刻離開加拿大，不過我知道講出負面互動事件，可以盡量化解不舒服，讓我還有一絲機會。

「好吧，你得到出國許可了，」最後對方說，「辦手續的事交給我。」

各位下一次要爲了愚蠢錯誤道歉時，可以試一試這個辦法，直接說自己錯了。立即建立關係最快、最有效的方法，就是指出負面情緒並加以淡化。每次面對人質家屬時，一開始我會先說我懂他們很害怕。我犯錯的時候——這種事常發生──我永遠說出我知道當事人很生氣。經驗告訴我「聽著，我是王八蛋」這句話，具有不可思議的效果。

屢試不爽。

讓我們回到脾氣糟糕的老爺爺。

祖父發脾氣，是因爲看不到家人，覺得被遺棄，於是用讓大家都不舒服的方式表現出來，想得到大家的注意力。

要怎麼解決那個情形？

與其處理祖父亂發脾氣的行爲，不如用不批判的方式，說出你知道他很難過，在他發作之前就先堵住他。

各位可以告訴祖父：「我們一家人不常團聚，看來你覺得我們不關心你，你一年才見到我們一次，所以幹嘛爲了我們挪出時間？」

各位是否注意到，這幾句話是如何承認目前的情形，幫祖父貼上傷心的標籤？此時可以暫時停下不說話，讓對方了解你努力體會他的心情，接著再提出正面的解決方法，挽回局勢。

「我們很期待這次的聚餐，我們想聽你說話，想珍惜與你共度的時光，因爲我們覺得我們都沒有機會參與你的生活。」

研究顯示，處理負面心態最好的辦法就是觀察，不要做出反應，也不要批判，接著想辦法幫每個負面情緒貼上標籤，並以正面、同情、想辦法解決的思考取代。

我有一個喬治城大學的學生叫ＴＪ，他上我的談判課時，也在華盛頓紅人隊（Washington Redskins）當會計長助理，他把剛才我們提到的那一課運用在工作上。

當時景氣陷入谷底，大家都想省錢，很多人不再購買紅人隊季票。雪上加霜的是，紅人隊前一年戰績很差，球員場外的問題也讓球迷離心離德。

紅人隊的財務長一天比一天憂心——並且脾氣暴躁——眼看球季還有兩星期就要開打，他走到ＴＪ桌旁，扔下一個厚厚的文件夾。

「馬上給我解決。」他拋下一句話就離開了。

文件夾裡是還沒付錢的季票購買者名單，ＵＳＢ隨身碟裡的試算表，列出每一欠款人的狀況，以及打電話催繳時要講的台詞。

ＴＪ一眼就看出公司給的腳本太糟糕。上頭說同事已經打了好幾個月電話，現在那些客戶被移交到他的層級。腳本說：「我要通知各位，如果還想拿到票，趕上新一季紅人對紐約巨人隊（New York Giants）的開幕賽，就必須在九月十日之前付清全部費用。」

這是一種盛氣凌人、冷漠無情、無視於他人的溝通方式，多數企業的基本立場都是這樣。ＴＪ感到上頭只寫著「我，我，我」，沒考慮到購票者的情況。沒有同理心，沒有連結，反正給錢就對了。

不用說，那個腳本行不通。ＴＪ留言了，但沒人回電。

ＴＪ上了幾週談判課後，自己重寫腳本。他沒有做很大的修正，也沒提供球迷任何優惠，只是稍微巧妙變化一下，讓溝通內容和球迷、和球迷的情況、和球迷對紅人隊的愛有關。

ＴＪ修改之後，紅人隊變成「您的華盛頓紅人隊」，球隊打那通電話的目的，是希望自己最寶貴的球迷——尚未繳錢的顧客——一定能趕上開幕賽。ＴＪ寫道：「您在一個又一個週日，在聯邦快遞球場（FedEx Field）爲紅人帶來主場優勢，紅人感恩在心頭。」接著他又告訴球迷：「在這個艱困時刻，我們明白我們的球迷遭受很大打擊，我們在這裡和您一起攜手渡過難關。」接著他請購票的人回電，談談自己的「特殊狀況」。

雖然表面上只是簡單改寫幾句話，ＴＪ的新腳本深深引發欠款人的情感共鳴。新腳本提到他們還欠球隊錢，但也提到球隊欠他們恩情，還指出經濟不景氣與球迷面臨的財務壓力，淡化最大的負面情緒事件——逾期不交錢——把那件事變成可以解決的事。

簡單的改寫背後，隱藏著ＴＪ的複雜同理心。ＴＪ在新腳本的協助下，得以趕在對巨人隊的開幕賽之前，與所有購票者協商出新的繳款方案。下一次財務長經過他桌旁時發生了什麼事呢？講話不再那麼衝了。

宣布目的地之前，要先清路

還記得杏仁核嗎？那個大腦遇到威脅時會產生恐懼反應的區域？其實我們愈快打斷杏仁核對眞實或假想威脅的反應，就能愈快清空路上的障礙物，愈快帶來安全感、幸福感與信任感。

要怎麼做？方法是標記恐懼。標籤很強大，標籤可以把恐懼攤在陽光下，削弱恐懼的力量，讓對方明白我們懂。

再回到哈林公寓逃犯的例子。當時我沒說：「看來你們希望我們放你們走」。所有人都會同意那句話，然而那句話不會減少公寓裡眞正的恐懼，也無法顯示出我理解他們碰上多棘手的困境，因此我直接瞄準杏仁核，告訴他們：「看來你們不想回監獄。」

一旦被指出、被攤開，對方的杏仁核負面反應就會開始消退。我保證各位一定會嚇一跳，對方說的話會突然從擔憂變樂觀。同理心是強大的情緒改善工具。

清除路障有時不是那麼容易，因此如果進展似乎非常緩慢，也別灰心。哈林區那場高樓談判可是花了六小時。許多人身上包裹著一層又一層的恐懼，就像洋蔥式禦寒穿衣法一樣，要讓他們有安全感，得花點時間。

我另一個學生是女童軍募款人員，有一次她幾乎是誤打誤撞，說出捐款人心中的恐懼。

接下來要講的可不是賣女童軍餅乾的故事，我的學生是經驗豐富的募款人員，平日一次就讓捐款人簽下一千美元至兩萬五千美元的支票。過去這些年，她摸索出一套非常成功的方法，總能讓人打開支票簿。

我學生的「客戶」通常是貴婦，她會邀請潛在的捐款人造訪辦公室，請對方吃女童軍餅乾，接著依據對方的背景，帶她們看她們應該會感興趣的溫馨相簿與親筆信，等捐款人眼睛一亮，就能拿到支票，幾乎不費吹灰之力。

然而有一次，這位學生碰上無動於衷的捐款人。對方一在辦公室坐下，她就開始大力介紹自己研究後覺得對方會感興趣的計劃，然而對方對著一個又一個計劃搖頭。

我學生不知所措，不曉得為什麼對方沒興趣捐錢，不過她穩住自己，採取最近從我的課堂學到的標籤法。「感覺您似乎對這些計劃有疑慮。」我學生努力讓自己聲音平穩。突然間，那位捐款人打開話匣子：「我希望我捐的錢，可以直接支持女童軍的活動。」

對方這句話讓對話有了焦點，然而我學生介紹似乎符合這個條件的計劃時，對方依舊從頭到尾都說不。

我學生感覺到對方愈來愈不耐煩，希望至少能開心結束這次的對話，讓雙方還有下次見面的機會，於是我學生又用了另一個標籤：「您似乎非常關心這次的捐款，希望能找到正確計劃，讓今天的孩子能和您當初一樣，得到女童軍帶來的機會與改變一生的體驗。」

我學生說完這段話之後，原本「難搞」的女士甚至沒有挑選任何計劃，就簽下支票。「妳懂我。」她邊說邊起身離開，「就交給妳了，我相信妳會找到正確計劃。」

第一個標籤找出這位女士表面上的恐懼：她害怕自己捐的錢被亂花。然而第二個標籤則找出隱藏的情緒——她會去女童軍辦公室，是因爲她自己當小小女童軍時，有過特殊的美好回憶，女童軍改變了她的人生。

眞正的困難之處，不是找出適合這位女士的計劃。她不是一個愛胡亂挑剔、難以取悅的捐款人。眞正的困難之處，在於讓這位女士感到自己被理解，感到經手捐款的人知道，爲什麼她會出現在那間辦公室，知道是女童軍的回憶讓她做出她所做的事。

標籤之所以效果強大、能夠改變一切對話，原因就在這。碰到表面上吹毛求疵、斤斤計較的人士時，標籤能協助我們找出究竟是什麼樣的原始情緒，驅使著對方絕大部分的行爲。一旦標出那個情緒，其他事會奇蹟式地迎刃而解。

來一場「清查指控」

每學期我的談判課第一次上課，都會帶大家做一個叫「六十秒內說服我，不然她會死」（sixty seconds or she dies）的入門練習。我當人質挾持者，學生必須在一分鐘內說服我釋放人質。這個練習可以讓我了解學生的程度，也能讓他們了解自己有多少東西得學（告訴各位一個小祕密：那個人質從未獲得釋放）。

有時學生會躍躍欲試，不過通常很難找到願意接受這個挑戰的人，因為那個人將得站到全班面前，還得跟一個握著所有牌支的人鬥智。如果我請大家自願，學生會一動也不動，視線飄到旁邊。各位都有過那種經驗，心中想著「拜託，拜託不要叫到我」，背部肌肉似乎緊繃起來。

因此，我沒問有沒有人自願，而是告訴大家：「萬一你們對要在全班面前和我玩角色扮演有疑慮，我就先講了……上來的確會很恐怖。」

等大家笑完後，接著我會說：「不過，那個自願的人，將學到比別人更多的東西。」

最後自願上台的，總是超過我需要的人數。

請注意我做了什麼：我先是在對話的開頭，指出聽衆的恐懼；還有什麼事能比「恐怖」糟糕？我沖淡恐懼，停下來等待，讓大家意識到自己的情緒，並因此感覺我下的不合理挑戰，似乎也沒那麼令人望而生畏。

我們每個人，全都靠著直覺做過千百次類似的事，例如批評朋友時先說：「我這樣講，不是想讓你不舒服……」那句話的用意，是希望接下來的批評不會那麼刺耳。或是我們會講：「我不想像個爛人……」這句開場白的用意，是希望對方會在聽過幾句話之後，告訴我們其實我們沒那麼糟。不過這類型的話，犯了一個微小但關鍵的錯誤：否認負面的事，反而讓人覺得就是那樣沒錯。

法庭上，辯護律師則善用這一招，一開庭就先指出自己的客戶被指控的每件事，以及案子所有不利於他們的地方。這一招被稱爲「拔針法」。

接下來，我把這個方法化爲一個流程。各位如果完整走一遍，就能拿走對手的攻擊武器，不管談判主題是兒子該幾點上床睡覺，或是大型商業合約都一樣。

第一步，列出對手能口頭攻擊我們的每件事。我稱這個步驟爲「清查指控」。

一般人很難接受「清查指控」的概念。每次我向學生介紹這個步驟，大家會說：「天啊，我們做不來。」感覺很不自然，好像在討厭自己，似乎會讓事情雪上加霜，但接下來我會提醒他們，我上課第一天就是這麼做，搶先指出他們對於人質遊戲的恐懼，接著大家全都承認，當時他們不知道我用了這個技巧。

接下來是我學生安娜的例子，安娜把在我班上學到的東西，變成一百萬美元，我太以她爲榮了。

事情是這樣的，安娜是一家大型政府承包商的代表，她的公司靠著和一家小公司合作，拿到一張很大的政府訂單。就叫那家小公司「ABC 公司」好了。ABC 公司的執行長和政府的客戶代表關係良好。

然而，合約一簽訂，立刻就出問題。由於能拿下合約，ABC 公司的政商關係是重要功臣，ABC 公司認爲不論自己是否履行合約職責，都該分到一杯羹。

因此，雖然合約載明會爲 ABC 出的九人工作量支付薪水，ABC 卻不斷減少人力支援，安娜的公司不得不接手原本該 ABC 做的工作，兩間公司關係開始惡化，在電子郵件中互相指責，說出難聽的抱怨。由於利潤原本就低，安娜的公司被迫與ＡＢＣ展開尷尬協商，把錢砍到五．五人。談判過後，雙方滿懷怨言，不再有罵人的信，但也不再有任何信件往來。音訊全無永遠代表情況不妙。

那幾場糟糕的談判過去幾個月後，客戶要求大幅調整專案內容，安娜的公司如果無法讓ＡＢＣ公司同意進一步削減成本，將大幅虧損。由於ＡＢＣ公司並未履行合約，安娜的公司完全有立場乾脆讓ＡＢＣ公司不再參與接下來的案子。然而如此一來，安娜的公司就會在非常重要的客戶面前失去信譽，說不定ＡＢＣ公司還會告上法庭。

爲了解決眼前的狀況，安娜安排與ＡＢＣ公司會面。她和公司夥伴打算通知ＡＢＣ，要把薪水砍到剩三個人。局勢相當棘手。第一次砍費用時，ＡＢＣ公司已經很不高興。安娜平日是企圖心強又自信的談判人員，但這次的談判讓她失眠好幾週。她不但得讓對方讓步，同時還得增進彼此的關係。這事不好辦，對吧？

安娜做準備的時候，第一件事就是找談判夥伴馬克坐下來，列出ABC公司可能指控他們的每件事。雙方的關係很久以前就惡化，因此清單很長，不過很容易就能找出最嚴重的潛在指控：

「你們就是那種典型的大鯨魚，想吃掉我們這種小蝦米。」

「你們答應這些全都要讓我們承包，結果食言。」

「你們幾週前就該告訴我們這件事，好讓我們有時間準備。」

接下來，安娜與馬克輪流角色扮演談判雙方，一個人扮演ABC公司，另一個人用預期中的標籤回應那些指控。安娜練習用自然的語氣緩緩講出：「我們說出來之後，你們會認爲我們是大壞人。」馬克接著說：「你們似乎覺得，一開始就說好這部分要交給你們。」兩個人在觀察者面前練習，不斷調整節奏，決定好何時該一一指出對方的恐懼，何時該出現有意義的停頓，就像劇場排練一樣。

正式會面的那一天。安娜一開口就提出ABC公司最大的抱怨。「我們明白，我們邀請你們合作時，共同的目標是讓你們主導這部分。」她說，「你們可能覺得，我們對你們不公平，而且之後大幅更動協議內容。我們知道，你們認爲已經說好這部分的工作要交給你們。」

ABC公司的代表用力點了一下頭，因此安娜繼續描述大致的情況，鼓勵對方把兩家公司看成隊友，不斷拋出開放式問題，讓對方看見自己認眞聆聽：「還有哪些各位覺得重要、想要補充的事？」

安娜指出ABC公司的恐懼，並請對方提供意見，成功引導對方說出相關的重要事實：ABC公司覺得這份合約利潤很高，認爲安娜的公司從中賺了很大一筆。

馬克上場的時機到了，他解釋客戶的新要求讓公司轉盈爲虧，也就是說，他和安娜需要請ABC進一步把費用降到三個人。ABC公司的代表安潔拉大吸一口氣。

「聽起來你們似乎認爲，我們是想吃掉小蝦米的大鯨魚。」安娜搶在對方提出指控之前打預防針。

「不，不，我們沒那樣想。」安潔拉被制約，想找出共同的立場。

安娜與馬克靠著拋出負面標籤，直接說出最嚴重的指控，把對話重點導向合約。請留意他們精彩的手法：他們指出對方目前身處的情境，但同時也把提供解決辦法的責任，轉移到小公司 ABC 身上。

「聽起來你們非常擅長處理政府合約。」安娜用這句話貼上安潔拉很能幹的標籤。

安潔拉回答：「是的——不過事情偶爾也有不順利的時候。」她自豪有人認可她的資歷。

安娜接著問安潔拉，她會如何修改合約，讓每個人都賺到一點錢。安潔拉不得不承認，除了砍 ABC 的人數，她也不曉得還有什麼方法。

幾星期後，合約修改完畢，降低 ABC 公司的費用，安娜的公司得以進帳一百萬美元，讓合約有利可圖。不過，安娜最訝異的是那次會面結束時安潔拉的反應。安娜坦承自己帶來壞消息、說自己知道安潔拉一定很生氣時，安潔拉說：「這不是令人愉快的局面，不過我們感謝你們了解發生的事，我們不覺得你們對我們不公平，你們不是『大鯨魚』。」

安娜對於這個結局的反應呢?「媽啊，這招眞的管用!」

沒錯，如同各位剛才看到的故事，打開天窗說亮話的好處，在於我們能進入有同理心的安全區。我們每個人天生的本能，就是需要有人理解我們，與他人建立連結。那點解釋了爲什麼安娜指出安潔拉的恐懼後，安潔拉的第一直覺是補充相關細節，而那個細節又讓安娜得以達成談判目標。

坐上機位售罄的班機，還獲得升等

目前爲止，我們像運用樂器一樣，逐一使用每一項技巧：首先，先用薩克斯風吹出鏡像法，再來用低音貝斯彈出標籤，最後何不用法國號吹出戰術性沈默。只不過，在眞實的談判情境，所有樂器會一起上場，因此各位得學會指揮。

對於大部分的人來說，如果所有的樂器同時演奏，他們會手忙腳亂，所有事都攪成一團，因此接下來我會慢慢演奏一首歌，一個音符、一個音符讓大家聽清楚。各位將了解先前學到的技巧，是如何此起彼落，高低起伏，構成完美和聲。

事情是這樣的（或是歌是這樣的）：我學生萊恩．B 要從巴爾的摩搭機到奧斯汀，簽一個大型電腦顧問合約。過去六個月，客戶那邊的代表反反覆覆，不斷改變心意，一下說要跟他們合作，一下又說不要，但後來自己的系統出了大問題，被執行長釘得很慘。那位客戶代表爲了卸責，打電話給萊恩和萊恩的執行長，狠狠質問爲什麼他們到現在都沒過去簽約。如果萊恩星期五早上沒出現，這次的合作就吹了。

萊恩買了隔天星期四早上的機票，但巴爾的摩風雨交加，機場關閉五小時。萊恩頭痛不已，知道這下子趕不上從達拉斯到奧斯汀的轉機。更糟的是，他出發前打電話給美國航空（American Airlines），發現自己的轉機已經自動被移到星期五下午三點，這下子約大概簽不成了。

萊恩終於在晚上八點抵達達拉斯，衝向美國航空當天前往奧斯汀最後一趟班機的閘門，眼看還有三十分鐘就要起飛。他的目標是搭上最後的班機，要是眞的不行，怎麼樣也得搭上隔天最早的班次。

鬧門前，一對夫婦正在對地勤大吼大叫，地勤幾乎連看都不看他們一眼，只是一直敲打面前的電腦，顯然正在努力要自己別吼客人。最後她一連說了五次：「我幫不上忙。」那對憤怒的夫婦才終於離開。

首先，請留意萊恩是如何讓剛才糟糕的氣氛，轉而對自己有利。對談判者來說，一場爭論剛結束時，是很好的介入時機，因為另一方正希望有人理解他們。光是對他們微笑一下，就能改善氣氛。

「嗨，溫蒂，我是萊恩。剛才那對夫婦似乎很生氣。」

看到了嗎？負面情緒的標籤，以及依據同理心建立和諧氣氛。這下子溫蒂想要說明自己的情況，接著萊恩又用她的話進行鏡像模仿，鼓勵她多說一點。

「對啊，他們沒趕上轉機。天氣的緣故，我們今天很多班機都誤點了。」

「天氣？」

溫蒂解釋，那天美國東北部的班機延誤，連帶造成其他許多班機受影響。萊恩再次貼上負面情緒標籤，模仿溫蒂的回答，鼓勵她再多說一點。

「看來你們今天忙翻了。」

「你知道的，今天有很多乘客不高興。雖然我不喜歡被大吼大叫，但我也知道他們爲什麼心情惡劣，很多人想趕去奧斯汀看那場大賽。」

「大賽？」

「德州大學對上密西西比的橄欖球賽。所有往奧斯汀的機位都被訂光了。」

「訂光了？」

讓我們暫停一下。目前爲止，萊恩已經運用標籤和鏡像模仿，和溫蒂建立關係，不過溫蒂一定覺得兩個人只是在閒聊，因爲萊恩沒向她要求任何東西。萊恩不同於先前那對憤怒的夫婦，懂得她的處境。萊恩不斷拋出「怎麼會那樣？」與「我聽見妳說的話」，讓溫蒂進一步說明自己的情形。

溫蒂感受到萊恩的同理心後，透露了一個有用訊息。

「沒錯，整個週末的機位都被訂光了，雖然誰知道會有多少人眞的來搭。天氣大概讓各地許多旅客都改變了行程。」

此時萊恩終於趁機提出請求，但注意他是怎麼做的：他沒有強硬要求，也沒運用冰冷邏輯，而是靠同理心與標籤理解對方處境，巧妙地讓雙方待在同一艘船上。

「唔，看來妳把這麼麻煩的一天處理得很好，」萊恩說，「我也被天氣影響，前面的班機延遲，沒趕上轉機。看來機位都滿了，不過就像妳說的一樣，或許有人因爲天氣的緣故，沒趕上這班飛機。有沒有可能有空的位置？」

聽到了嗎？萊恩一再重複：標籤，戰術同理心，標籤。反覆演奏相同樂句後，才提出請求。

溫蒂聽到這裡後，什麼都沒說，開始打電腦。萊恩努力不要功虧一簣，也跟著沈默。三十秒後，溫蒂印出一張登機證交給萊恩，告訴他，有幾位乘客要到目前這班飛機起飛很久之後才會抵達。更棒的是，她給了萊恩豪華經濟艙的座位。

一切就發生在兩分鐘之內！

下次各位在轉角商店或飛機櫃台，如果碰上前面排著奧客，可以花點時間對服務人員練習標籤與鏡像模仿，我保證他們不會勃然大怒地大吼：「不要試圖操控我！」——說不定你也會得到升級版的待遇。

■本章重點回顧

各位在日常生活中使用戰術同理心工具時，建議想成進階版的人類自然互動，不要當成彆扭的對話操控。

人類在互動時，喜歡感受到另一方認真在聽，而且懂得我們的處境。不論是商場上的談判，或只是在和超市肉櫃人員聊天，建立起具有同理心氛圍的關係，鼓勵對方解釋自己的處境，都是健康的人類互動基礎。

如此一來，戰術同理心工具將是處理情緒最好的方法，讓我們講起話來不再口拙，得以與他人連結，建立起更有意義、更溫暖的人際關係，甚至連帶得到想要的東西，不過最主要的目標是人與人之間的關係。

我建議每次和別人對話時，都冒險撒下一點戰術同理心的種子。一開始一定會覺得很彆扭、很假，但努力嘗試下去就對了。人剛開始學走路時，也覺得不自然。

請把展現戰術同理心變成一種習慣，成爲自己人格不可或缺的一部分，內化相關技巧。在此同時，不要忘了本章提醒的重點：

- 想像自己處於對方的情境。同理心的好處，在於我們不必認同對方的想法（你可能認爲他們瘋了）。然而承認對方的處境之後，立刻就能表現出我們用心傾聽，而一旦對方知道我們眞的很用心，說不定會透露有用資訊。
- 對方不願意成交的理由，通常比他們願意的原因重要，因此一開始就先努力移除成交的障礙。把障礙視爲對方想太多，或是認爲沒有負面影響，只會讓人覺得那些事是眞的，所以不如公開討論可能出問題的地方。
- 停下來不說話。幫障礙貼上標籤，或是用鏡像法模仿對方說話之後，讓無聲勝有聲。別擔心，對方會自己塡補對話空白。
- 標籤對方的恐懼，淡化恐懼的力量。我們人喜歡提開心的事，但不要忘了，我們愈快打斷對方腦中產生恐懼感的杏仁核，就能愈快帶來安全感、幸福感與信任感。

- 列出對方可能如何指控我們，並搶在他們之前說出來。事先「清查指控」，在負面氣氛生根之前，就加以斬斷。此外，指控被大聲說出來的時候，通常聽起來有誇大的感覺，因此自己說出指控，反而會讓另一方覺得「沒有啦，其實不是那樣」。
- 不要忘了，人們希望得到別人感激、有人理解，我們可以靠標籤來強化與鼓勵正面的觀感與氣氛。

第4章 小心「YES」——掌握「NO」的藝術

以下是所有人都有過的經驗：我們人在家，正準備吃晚餐，電話響了。接起來，果然是電訪推銷，想叫人訂雜誌、買淨水器、吃阿根廷冷凍牛肉——老實講，對方賣什麼都沒差，因爲劇本千篇一律。先是亂念我們的名字，一點都不眞心地寒暄客套一番，接著就開始賣東西。

強迫推銷的下一個步驟，就是靠預設好的流程，把我們逼上一條無路可退、沒有出口、只能回答「Yes」的死路。「您喜歡偶爾來一杯乾淨的水嗎？」「嗯，是的，可是……」「我也是。我猜您跟我一樣，喜歡喝起來不會有一股化學味道、新鮮乾淨的水，就像大地之母的恩惠。」「嗯，是的，可是……」

我們心想，這個聲音裡帶著假笑的人到底是誰？居然以爲可以用這種方法，就騙我們買不想要的產品？我們肌肉緊繃，聲音開始戒心十足，並且心跳加速。

我們感覺自己是對方的獵物，的確是！

我們根本不想回答「是的」，可惜沒別的答案了。「您喝水嗎？」雖然此時不情願地回答「是」，只是在說實話，但我們覺得被設計。如果能說「No」，則感覺像是被綠洲拯救。雖然答案顯然不是「No」，我們非常想說「No」，很想聽見「No」那個甜美的音節。「不，我不需要喝水，不管有沒有碳過濾都不需要。**我是駱駝！**」

讓我們來分析一下電話推銷的技巧。電話推銷的手法，是不惜一切讓接電話的人說「Yes」，就好像說「No」世界會毀滅一樣。對許多人來說，「No」有衆多負面意涵。說「No」是在拒絕，我們很怕聽到「No」。「No」是世上最負面的字。

然而，「Yes」常常是無意義的回答。人們嘴上說「Yes」，其實心裡在拒絕（「也許」是比「Yes」更委婉的回答）。逼人說「Yes」，並不會讓談判者離勝利更近，只會惹惱對方。

如果說「Yes」令人如此不舒服，說「No」則讓人大大鬆一口氣，爲什麼大家把「Yes」當成至寶，「No」則是天底下最討厭的東西？

我們不一樣。對談判高手來說，「No」這個否定詞太棒了，給了我們、也給了對方大好機會，讓我們得以靠著刪去「不要什麼」，說清楚究竟想要什麼。「No」是可以維持現狀的安全選擇，給人一時如救命綠洲的掌控感。

所有的談判者一路增進功力時，最終會掌握「No」的藝術。明白「No」背後眞正的人性心理後，各位會愛上這個字，不再害怕聽到，還會懂「No」帶來的好處，以及如何靠著「No」成交。

「Yes」和「也許」通常是無意義的回答，「No」反而永遠能扭轉對話。

有了「No」，就能開啓眞正的談判

我展開談判生涯前的幾個月，因爲一場對話，自此對「No」的藝術感到著迷。

我進FBI時，一開始是匹茲堡分部的霹靂小組成員，不過大約兩年後，被調到紐約，進入冒險刺激的聯合反恐特遣隊。隊上會花數天數夜追蹤恐怖嫌疑犯，調查通聯記錄，評估對方是否可能展開恐怖攻擊、手法又是什麼。我們在全美最大的城市，化解人類的戾氣，做出生死攸關的決定，判斷誰是眞正的危險人物，誰只是在說大話。一切的一切，令人感到目眩神迷。

我第一天加入FBI後，就對危機處理十分感興趣。命懸一線、超高賭注的緊急事件，刺激萬分，令我深深著迷。

人類的情緒很複雜，不斷變化，而且經常自相矛盾。若要讓人質被安全釋放，談判人員必須看穿歹徒的動機、心態、聰明程度，以及他們的心理強弱項。談判人員同時是流氓、調解人員、執法者、救星、聆聽告解的神父、調查人員與和平人員——此外還扮演著更多、更多角色。

我覺得自己完全能勝任那些角色。

我抵達曼哈頓幾週後，跑到ＦＢＩ紐約市危機談判小組長艾美・邦德羅（Amy Bonderow）桌前。我對談判一無所知，因此打開天窗說亮話。

「我想當人質談判人員。」我說。

「每個人都想——受過訓練嗎？」她問。

「No。」我說。

「有相關資格嗎？」

「No。」我回答。

「有任何經驗嗎？」她問。

「No。」我回答。

「你有心理學、社會學，或是任何與談判有關的學位嗎？」

「No。」

「聽起來你回答了自己的問題。答案是No，現在給我滾。」

「滾？」我抗議，「眞的嗎？」

「沒錯，不要再來煩我。每個人都想當人質談判人員，你沒相關背景，沒經驗，沒談判技巧。如果你跟我一樣是負責人，你會怎麼回答？你會回答：No。」

我當著艾美的面，停下來想了想。我的談判生涯不能就這樣結束，我可是嚇退過恐怖分子的人，不能就這樣離開。

「別這樣，」我說，「一定有什麼我能做的。」

愛美搖頭，給了我一個冷笑，那種「你這輩子就別想了」的笑。

「這樣吧，沒錯，的確有你能做的事：到自殺熱線當義工。當完再回來找我，不過不保證我就會讓你當談判人員，懂了嗎？」她說，「好了，現在給我滾出去。」

我和艾美講完話之後，發現我們之間的對話，藏著許多複雜的言外之意。某些字詞帶有強大的力量，表面上意思明顯的對話，底下其實有無法用言語表達的情緒。

許多人掉進的陷阱，就是把別人表面上說的話當真。我開始留意到人們雖然會玩對話的遊戲，然而重點其實是遊戲底下的遊戲。很少人參與遊戲中的遊戲，然而真正的施力點就在那裡。

我和艾美的閒聊，讓我明白「No」表面上是明確、直接的答案，但其實沒那麼簡單。這些年來，我一直回想當年那場對話，在腦中重複播放艾美是如何一遍又一遍快速拒絕我。然而她的「No」其實是通往「Yes」的道路。「No」給了她——也給了我——轉圜、調整與再次檢視方向的時間，甚至提供了最重要的「Yes」能夠出現的機會。

我被派到聯合反恐特遣隊時，和紐約警方小隊長馬汀（Martin）聯手合作。馬汀那個人，總是讓人踢鐵板，不管你跟他講什麼，他都會立刻斬釘截鐵拒絕。我和他混熟之後問他原因，他自豪地回答我：「克里斯，小隊長的工作就是說No。」

我原本覺得這種不加思索的反應，代表腦子不知變通，然而我和青春期的兒子有過這類型的對話後，發現自己說了「No」之後，反而通常願意停下來聽聽兒子想說什麼。

原因是我已經靠了說「No」保護自己，這下子可以放輕鬆，考慮其他可能性。

「No」是談判的**起點**，不是**終點**。我們習慣性害怕「No」這個字，然而「No」通常只是一種看法，而不是事實。「No」的意思很少是：「我已經通盤考慮過一切，做出合乎邏輯的選擇。」「No」通常是一個當下做出的決定，目的是維持現狀。我們害怕改變，而「No」可以讓我們不要那麼害怕。

吉姆．坎普（Jim Camp）的精彩著作《一開口，就說不》（*Start with NO*），建議讀者，一開始談判，就讓敵人（他用「敵人」稱呼談判的另一方）可以說「No」。他說「No」是「行使否決權的權利」，人們會爲了維護說「No」的權利，抗爭到底。因此，給別人那個權利，談判幾乎立刻就會變得更具建設性，更能一起合作。

我讀坎普的書時，發現裡面提到ＦＢＩ多年前就知道的人質談判技巧。我們知道讓歹徒投降最快的方法，就是花時間勸他們出來，「硬逼」他們投降反而沒用。強迫對方投降，「叫」他們出來，只會讓雙方更僵持不下，甚至造成死傷。

一切的一切，與人類需要自主權的共通天性有關。人們喜歡主導權。我們明確允許他人對我們的點子說「不」時，是在給予自主權，大家冷靜做決定，決定之後眞的會說到做到，認眞看待提議。允許另一方說「No」，是在讓他們把提議握在手中，東轉一轉，西轉一轉，從各種角度好好看一看。他們在看的時候，我們可以趁機解釋與隨機應變，讓對方相信改變帶來的好處，將勝過現況。

談判專家希望聽到「No」，他們知道通常對方說「No」之後，接下來才是眞正的談判。

任何類型的談判，不管是溫和有禮地向對手說「No」（第九章會進一步討論這件事），聽到「No」時保持冷靜，以及歡迎對方說「No」，都會帶來正面效果。歡迎對方說「No」，甚至可以移除障礙，有利於雙方溝通。

也就是說，各位得訓練自己接受「No」。聽見「No」，不一定代表別人在拒絕我們。有人說「No」的時候，我們得想一想這個字的其他意思，那才是對方眞正想說的事：

- 我還沒準備好答應；
- 你讓我感到不舒服；
- 我不懂；
- 我不覺得自己有辦法提供那樣東西；
- 我要別的東西；
- 我需要更多資訊；
- 我得先和其他人商量一下。

停下來想一想「No」還有哪些意思之後，接下來的步驟是詢問可以想出解決辦法的問題，或是直接貼標籤：

「這件事你覺得哪裡不可行？」

「需要什麼才行?」

「似乎有什麼事困擾著你。」

人們有說「No」的需求，因此不要等著他們不知道什麼時候說「No」，讓他們早點講出來。

在對方的世界說服對方

接下來，我要向各位介紹一個準備好要談判的人，他叫喬．是個生意人。各位以前也碰過喬這種人，他萬事都準備好了，讀完《哈佛這樣教談判力》，寫下筆記，背下所有的重點，準備好痛擊談判桌對面那個人。喬看著鏡子裡自己昂貴的西裝，幻想著說出令人印象深刻的話。漂亮的圖表分析將證實他的說法，談判的另一方——**敵人**——將被狠狠打敗。他是電影《神鬼戰士》（*Gladiator*）裡的羅素．克洛（Russell Crowe）。

讓我告訴大家一個祕密：喬所有的準備，一點用也沒有。他的談判風格全是我、我、我、自我、自我、自我。談判桌的另一方接收到那些訊號後，他們會決定最好是彬彬有禮地、甚至是偷偷摸摸地無視這位超人……只需靠著說「Yes」!

「啥?」各位說。

沒錯，對方會立刻說「Yes」，但只是爲了先請走這尊神，之後再講東講西，一下說這裡要改，一下說那裡要改，預算有問題，天氣也有問題。他們眼下的任務，只是讓喬放他們走，喬誰都沒說服，只說服他自己。

我再告訴各位一個祕密。「Yes」其實有三種:「假的Yes」(Counterfeit)、「的確的Yes」(Confirmation)與「眞的Yes」(Commitment)。

「假的Yes」是對方想說「No」，但覺得說「Yes」你比較會放他走。也可能這只是對方狡猾的伎倆，告訴你「Yes」，只爲了繼續從你這裡套話，或是得到其他好處。「的確的Yes」一般沒有想太多，只是反射性回答只有明顯答案的問題;有時這種「Yes」是陷阱，不過大部分時候，這只是不保證眞的會行動的「好好」。「眞的Yes」則是眞的答應，同意採取行動。談判桌上，這種「Yes」最終會讓雙方簽下合約。我們要的是「眞的Yes」，但這三種聽起來幾乎沒有分別，因此我們得學著辨認對方的「Yes」究竟是哪一種。

世上的每一個角落，人們因爲天天被逼著說出「眞的 Yes」，而成爲靠「假的 Yes」套話的大師。碰上「喬・生意人」的人就是那樣，他們拿假的「Yes」引誘喬，好多得到一點資訊。

你可以說那叫「取信於人」、「誘敵深入」，或是想怎麼形容都可以，不過優秀的談判者知道，自己的任務並非拿出精彩表現，而是溫和地引導另一方，讓對方覺得敵人的目標就是自己的目標。

以下讓我來告訴各位，我當年是如何灰頭土臉學到這一課。

我和艾美談完兩個月之後，開始在諾曼・文生・皮爾（Norman Vincent Peale）贊助的危機求助服務「救救我專線」（HelpLine）接電話。

那裡接電話的基本原則，是一通電話不能超過二十分鐘。稱職的接線人員不需要二十分鐘，就能把求助者轉介到更能幫上忙的地方。我們有一本厚厚的寶典，碰上問題，就查一查那本書怎麼講。我們做的事像是輔助醫療，先幫忙暫時止血，接著把求助者送到該去的地方。

然而，眞正碰上緊急情況的求助者，大約只占總數四成。大部分打電話進來的人，其實是常客，高度功能失調，他們是精力的吸血鬼，已經沒有人願意聽他們講話。

我們有一張常客清單，接到那些人的電話時，第一件事，就是確認他們當天是否已經打過了，因爲我們一天只准他們打一通。那些常客也知道這個規定，常常直接告訴我們：「沒錯，我是艾迪，今天還沒打過。去吧，去確認通話名單，你得跟我講話。」

由於我當義工的主要目的是學習技巧，我很喜歡接到常客的電話。他們是問題，而我喜歡解決問題。我覺得自己有解決問題的天賦，好像自己是超級明星。

輪到我做績效檢討時，我被指派給輪班主管吉姆．施耐德（Jim Snyder）。吉姆是熱線老手，人很好，唯一的問題是永遠在開玩笑。吉姆知道，求助熱線最大的問題，就是義工會累到善心被磨光，因此把時間都用在炒熱工作氣氛。我跟吉姆成爲很好的朋友。

吉姆開始評鑑我，我接起一通電話，他走進監聽電話的主管室，聽我上場表演。那通電話是我的常客打來的，他是一個害怕出門的計程車司機，而且有很多時間可以告訴我他害怕的事。這位叫達爾的精力吸血鬼一如往常，開始碎碎念萬一自己不能工作了，就會失去房子，還會失去活下去的意願。

「說真的，上一次有人想在街上傷害你是什麼時候？」我問。

「唔，我是說，已經是很久以前的事了。」

「有多久？」

「克里斯，我不記得確切日期，可能是一年吧，我猜。」

「因此可以說，外頭的世界現在對你來講，不再那麼可怕了，對吧？」

「是的（Yes），」達爾說，「大概是吧。」

我們就像那樣，你來我往，講了好一陣子，我讓達爾承認，對大多數的人來說，這世界沒什麼好怕的。我覺得自己新獲得的談話技巧很厲害，我聽達爾說話，接著「用愛心和他對峙」。「用愛心對峙」（CareFronting）這個有點好笑的詞彙，意思是我們熱線服務人員面對一直打電話進來的常客時，要堅定但有愛心地回應他們。

一切很順利，我和達爾建立起極度和諧的氣氛，我甚至讓他笑出來一兩次。我講完後，他找不出任何不該出家門的理由。

「謝謝你，克里斯。」達爾掛斷電話前告訴我，「謝謝你，你做得太好了。」

我去見吉姆前，躺在椅子裡，沐浴在動人的讚美之中，心想，這種事多久才發生一次？哇，一個身處痛苦的人，感謝你協助他。我跳了起來，大步走向監控室，自豪不已，自己幫自己拍背，我真厲害，幹得太好了。

吉姆要我坐在他面前一張椅子上，給了我最耀眼的笑容。我回應他的笑容瓦數，一定是雙倍。

「噢，克里斯，」他依舊在微笑，「這是我聽過最糟的熱線通話。」

我目瞪口呆地望著他。

「吉姆，你沒聽到嗎？達爾還恭喜我！」我問，「我說服他了，大獲全勝。」

吉姆微笑——我開始痛恨他的微笑——接著他點頭。

「那就是我們失敗的徵兆。他們掛電話的時候，恭喜的對象，應該是自己才對。」他說，「他們不需要恭喜你。他恭喜你，代表你做得太多。如果他們眞的認爲你做到了——如果做到的人是你——他要如何幫助自己？我不想講得太難聽，但你做得一塌糊塗。」

我聽著吉姆說明，感覺胃酸湧上來，那種感覺就像你被甩了，還不得不承認對方要分手的理由完全正確。達爾回答了某種「Yes」，但那完全不是「眞的Yes」，他並未保證會行動。他說「Yes」，只是爲了讓我自我感覺良好，我才不會繼續煩他。達爾可能自己沒發現，但他的「Yes」是假的「Yes」。

發現了嗎？那通電話完全是我、我、我和我的自尊，與打電話進來的人無關。然而，如果要讓求助者採取行動，唯一的辦法就是把對話交給他們，讓他們相信是他們自己得出結論，他們自己想要採取必要的下一個步驟。電話另一頭的聲音，只是爲了引導他們聽見內心的聲音。

使出渾身解數，與另一方建立起和諧氣氛、共識與連結是好事，然而那種連結要有用的話，對方必須覺得建立連結這件事，以及得出的結論，自己得負起**全部**的責任，或至少是一半的責任。

我垂頭喪氣。

「一場糊塗？」我告訴吉姆，「你說的沒錯。」

接下來，我努力調整自己，問了好多問題，還讀了好多書。很快地，熱線讓我教兩堂課，負責指導「救救我專線」的新義工，一堂是講「積極聆聽法」的入門課，一堂講「用愛心對峙」。

各位說，好，懂了，重點不是我們自己，得從對方的觀點說服對方，不能從自己的觀點。但是要怎麼做？

從他們最基本的需求著手。

每一場談判，每一場協議，最終的結果都來自某個人的決定。很不幸，要是我們認爲靠著妥協與講道理，就能控制或駕馭別人的決定，我們會輸得一場糊塗。不過，雖然我們無法掌控他人的決定，但可以影響他們，方法是跑進對方的世界，接著看到與聽到他們究竟想要什麼。

雖然每個人程度不一，我們遇見的每個人，其實都受到兩種原始衝動驅使：一是安全感，二是主控感。如果能滿足相關衝動，第一步就達成了。

如同我和達爾的對話，如果要說服對方他們很安全，主控權在他們手上，不能靠邏輯。人類的原始需求急切又不理性，靠爭辯把另一方逼到角落，只會讓另一方說出「假的 Yes」，接著逃之夭夭。

此外，假裝同情所裝出來的「好」，通常也不會成功。在我們這個年代，我們被鼓勵當各式各樣的好人，不管在什麼狀況下，永遠都得和善，尊重他人感受。

然而，在談判的情境下，假裝和善會有副作用。拿和善當談判策略，是一種虛偽的操控手法。誰沒被「好心」的銷售員騙過？各位如果帶著虛假的「好」開口說話，你虛假的笑容只會勾起對方不良的回憶。

與其帶著邏輯或假笑進入對方的世界，不如靠著讓對方說「No」來破冰。說「No」讓人感到安心、覺得主控權在自己手上。「No」可以開啓對話，提供最終「眞的 Yes」的安全避風港。一開始就說「Yes」，通常只是廉價、推託的敷衍。

大約在艾美．邦德羅叫我「滾蛋」五個月後，我造訪她的辦公室，說自己正在當「救救我專線」的義工。

「真的嗎？」她露出訝異的笑容，「我跟每個人都那樣講，但從來沒有人真的去當義工。」

原來，艾美當年就是在「救救我專線」當義工後，才展開談判生涯。她提到幾個名字，那些人這下子成為我們共同的朋友。我們一起大笑吉姆的事。

突然間，艾美不講話，凝視著我，給了我「暫停」那一招，我不安地晃動身體，接著她露出微笑。

「你錄取了。」

當時還有另外五個人爭取相同職位。那些人有心理學學位，有經驗，有資格。然而，最後卻是我即將參與ＦＢＩ下一次在維吉尼亞寬提科學院（FBI Academy in Quantico）舉辦的人質談判訓練課程，搶在所有人之前，正式展開談判生涯。

說「NO」是在保護自己

回到本章開頭的電話行銷。電話推銷員問：「您喜歡來一杯純淨的水嗎？」這個問題的答案，顯然是「Yes」，但我們只想尖叫：「No！」聽到這種問題，我們就知道接下來的對話是一場酷刑。

從這個小例子就能看出，人們賦予「Yes」和「No」的意義本身有多矛盾。談判的時候，我們當然希望對方最後會說「Yes」，然而「成交的Yes」與「『是喔』的Yes」是兩回事，我們卻傻傻分不清。此外，由於我們認爲「No」與「Yes」正好相反，我們假設聽見「No」一定沒好事。

那種看法大錯特錯。說「No」讓人們感到安全、認爲主控權在自己手上。我們問問題，引來「No」的回答後，對方會覺得，他拒絕我們，證明了他是老大。談判專家歡迎——甚至是邀請——另一方斬釘截鐵地說「No」，以展開眞正的談判。對方會說「No」，代表他認眞在想我們的提議。

如果一開始就把目標訂成「Yes」，對方會開始提防，還會三心二意。那就是爲什麼我告訴學生，如果想推銷東西，不要第一句話就講：「可以跟你聊個兩分鐘嗎？」而要問：「現在這個時間是不是不方便？」對方可能回答：「沒錯，現在不方便。」接著說出什麼時候才方便，或是叫我們滾。另一種可能，則是：「不會啊，我有空。」這下子他們會專心聽我們講話。

各位可以做個練習，下次接到電話推銷時，寫下對方問的問題。我保證你們感到不舒服的程度，與他們多快就逼你說「Yes」成直接正比。

我的同事馬蒂・艾維斯捷（Marti Evelsizer），第一個讓我明白爲什麼「No」比「Yes」好。

馬蒂當時擔任ＦＢＩ匹茲堡的危機談判主持人，她是精力充沛的談判天才，不論是ＦＢＩ或當地警方都十分敬重她。然而，人類天生是愛嫉妒的動物，她的直屬長官也不例外。馬蒂優秀的表現，讓那名長官黯然失色，就此成爲對方的眼中釘。

長官的嫉妒心在某次事件中爆發，起因是匹茲堡警方的人質談判小組，邀請馬蒂擔任遴選委員。警方請了馬蒂，卻沒請她的長官，這是前所未有的事。

就這樣，那名長官決定拔掉馬蒂的位子，官方理由是怠忽職守，但眞正的原因是馬蒂是個威脅。

馬蒂坐在長官的辦公室，等著被正式撤職。她手上沒多少選項。權力在長官手上，他愛怎麼做就怎麼做。

馬蒂告訴我，她考量過各種情境，想直接指出長官在嫉妒，當面對質，解決這件事，或是解釋她擔任委員，會讓局裡很有面子：「你希望我們的部門因爲專業能力被敬重嗎？」

不過，等兩個人坐下來的時候，馬蒂選擇說出我聽過用詞最強烈的「No」問題。

「你想讓ＦＢＩ丟臉嗎？」馬蒂說。

「No。」長官回答。

「那你要我怎麼做？」馬蒂回應。

長官躺回椅背。那是一張一九五〇年代的皮椅，坐在上頭的人一動，就會嘎吱作響。長官從眼鏡框裡凝視著馬蒂，接著幾不可見地點了個頭。他是老大。

「聽著，妳想當，就繼續當。」他說，「不過妳要回來好好工作，不能影響其他職務。」

一分鐘後，馬蒂走出辦公室，沒事了！

馬蒂的做法，有如當頭棒喝！馬蒂靠著逼出「No」這個答案，把上司推到由他自己做決定的境地，接著又請主管決定她下一步該怎麼做，進一步增強對方的安全感與權力感。

這個故事的重點是馬蒂不只接受「No」這個答案，甚至努力逼出「No」。

我最近參加一場銷售會議，問在場人士最怕聽到哪一個字。全部的人大喊：「No！」對與會者來說——以及幾乎對每一個人來說——「No」只代表一件事：沒得談。

然而「No」不是那個意思。

「No」不是失敗。巧妙運用的話，「No」反而可以開啓前方道路。每一位談判人員，都必須修練到再也不害怕聽見「No」這個字，從此便能海闊天空。如果各位最大的恐懼是「No」，你不可能談判，反倒是「Yes」的人質，等著被戴上手銬，宣布玩完。

讓我們來揭開「No」的眞面目。讓對方說「No」，其實是在肯定對方的自主權。「No」不是在行使權力，也不是在濫用權力；「No」不是拒絕，不是頑固不知變通，不代表談判結束了。

事實上，「No」通常可以開啓討論。愈快說「No」，就愈能看見先前沒看到的選項與機會。說「No」通常會促使人們行動，因爲他們覺得這樣可以保護自己，而現在機會正在溜走。

自從我幫自己揭開「No」的眞面目之後，人們對於「No」的想法、觀點與包袱，開始令我感到奇妙。對我來說，這就好像是第N次看著一九八〇年代的電影或音樂錄影帶。那個年代的事物讓我們很有共鳴，然而同一時間，我們也意識到那個世界，還有我們自己，早已遠離那個年代。

今日，我教學生看出「No」的眞實面貌。「No」不但沒傷害到他們，也沒傷害到他們談判的對象，反而在你來我往的過程中，保護了各方利益。「No」帶來安全感、保障，還帶來主控感。「No」帶來行得通的協議。「No」是暫停、是助力，讓人有機會說清楚自己要什麼。

「No」其實有很多功能：

- ■「No」能讓眞正的議題現形；
- ■「No」可以讓人免於做出無效的決定，也能修正無效的決定；
- ■「No」能放慢步調，讓人們眞心接受自己的決定，以及自己達成的協議；
- ■「No」讓人們感到安全、有保障、舒服，覺得選擇權在自己手上；
- ■「No」可以讓每個人的努力有進展。

我研究所的學生班．歐頓霍夫（Ben Ottenhoff）精彩運用「No」技巧，替政黨募款。原本有好幾年時間，班在幫共和黨的議員候選人募款時，都遵照傳統的「Yes 模式」腳本。

募款人員：您好，我找史密斯先生。

史密斯先生：我就是。

募款人員：我們這裡是 XYZ 協會。我們想了解您對今日經濟狀況的看法，在這裡想請教您幾個重要問題。您認為汽油價格目前太高嗎？

史密斯先生：Yes，汽油價格太高，害我們一家人多花很多錢。

募款人員：您認為汽油價格太高是民主黨造成的嗎？

史密斯先生：Yes，一切都是歐巴馬總統（Obama）搞的。

募款人員：您認為我們十一月需要改變嗎？

史密斯先生：Yes，我的確這麼認為。

募款人員：您能給我信用卡號碼，讓我們一起帶來改變嗎？

理論上，前面一連串的「Yes」會累積正面情緒，最後帶來高潮，在腳本的尾聲讓民眾答應捐款。然而事實上，這個「Yes 模式」的募款腳本，多年來成效一直很差。每一個步驟民眾都回答「Yes」，然而抵達最後的掏錢步驟時，幾乎所有人都說「No」。

班後來在我班上讀到坎普的《一開口，就說不》。他開始想，該不會「No」可以讓大家願意捐款。班知道，如果要改成「買賣不成仁義在」的電話募款方式，不要逼大家捐錢，基層募款人員會難以接受，因爲那違反他們所受的一切訓練。不過，班是個聰明人，因此他沒有直接換掉整個腳本，而是先讓一小群基層募款人員試一試「No」劇本。

募款人員：您好，我找史密斯先生。

史密斯先生：我就是。

募款人員：我們這裡是XYZ協會。我們想了解您對今日經濟狀況的看法，在這裡想請教您幾個重要問題。您認爲如果維持現狀，美國的明天會更好嗎？

史密斯先生：No，只會愈變愈糟。

募款人員：您要不抵抗，坐等歐巴馬在十一月再度入主白宮嗎？

史密斯先生：No，我會盡一切所能，讓那件事不會發生。

募款人員：如果您今天就想做點什麼，確保那件事不會發生，您可以捐款給XYZ協會，我們會替您奮鬥。

看到了嗎？以上腳本把「Yes」換成「No」，而且如果史密斯先生想要的話，協會可以接受捐款？這個腳本讓史密斯先生當老大，由他決定該怎麼做，而且成功了！「No」劇本成效驚人，**捐款率上升二三%**。

這個故事唯一可惜的地方，就是捐款率雖然出現很大的改善，班卻無法讓全部的募款人員都改採新腳本。新腳本違反正統募款方式，資深募款人員喜歡「Yes」帶來表面上的安心感。不過萬事起頭難，對吧？

達拉斯小牛隊（Dallas Mavericks）身價破億的老闆馬克．庫班（Mark Cuban）是耀眼的談判天才。我很愛跟學生提庫班的談判金句：「每一個『No』，都讓我更靠近『Yes』。」不過，接下來我也會提醒學生，在通往「Yes」的路上讓人們說出「No」，有時並不容易。

讓另一方感覺自己可以說「No」，以及眞的說出口，有很大的差別。有時，如果對方沒聽進去，敲醒木頭腦袋的唯一辦法，就是激他們說出「No」。

有一招很管用的激將法，就是誤標另一方的情緒或欲望，說出我們其實知道沒那回事的事。例如，在對方顯然想保住工作時說：「看來你很想離職啊。」那句話會迫使對方聽我們說話，忍不住糾正我們：「No，不是那樣，是怎樣怎樣。」

另一個在談判中逼出「No」的方法，就是問另一方不想要什麼。你說：「讓我們來談一談，你會對什麼說『No』。」此時人們會安心說出「No」，因爲說「No」像是在保護自己。對方一旦說出「No」，就會更願意接受新選項、新概念。

此外，碰上「No」——或是沒有「No」——都是一種大事可能不妙的警訊，要小心。如果盡了一切努力，對方依舊不肯說「No」，代表碰上優柔寡斷、弄不清狀況，或是心中另有盤算的人。如果是這樣，應該終止談判，離開現場。

各位可以這樣想：沒「No」，代表死路一條。

神奇的電子郵件魔法：再也沒有「已讀不回」

被無視是世上最令人火冒三丈的事。被拒絕很討厭，但沒得到回應更煎熬，就好像我們是隱形人，根本不存在，浪費我們的時間。我們都碰過那種情形：寄了電子郵件給想合作的人，結果對方無視。於是我們又很客氣地寄了一封信過去，對方依舊視若無睹。此時該怎麼辦？

這時該寄只有一句話的信過去，逼對方說出「No」。

你們已經放棄這個案子了嗎？

這封只有一句話的電子郵件，利用對方厭惡損失的人類天性，提出「No問題」。這封信想逼出的「No」，讓對方感到安全，認爲主導權在自己手上。那個「No」能鼓勵對方向我們解釋目前的情況。

同樣重要的是，這封信含蓄地威脅「我要走人了」。對方爲了留下我們——爲了減少自己的損失，以及爲了證明權力在他們手上——人性讓其立刻回應，否認我們的說法：**No，我們的優先要務並未改變，只是進度有點拖到……**

各位如果有孩子，我相信你早就靠著本能運用過這個技巧。孩子不肯離開家門／公園／購物中心的時候，各位會做些什麼？你會說：「隨便你，那我走了。」然後走開。我猜超過一半的機率，孩子會大喊：「No，等等我！」然後飛奔過來跟上爸媽。沒人喜歡被遺棄。

公事上這樣做，好像有點沒禮貌，不過各位得克服這個心理障礙。這沒有不禮貌，而且雖然很直接，但其實這一招披著「No」的安全外衣。對方不理我們，沒禮貌的人是他們才對。我可以告訴各位，我不只在北美成功運用這個策略，在阿拉伯與華人兩個出了名從不說「No」的文化中也適用。

■本章重點回顧

許多人很難把本章的工具運用在日常生活之中，因爲它們直接抵觸最重要的社會規範：「做人要和善」。

人們內化「當好人」的規範，把和善當成社會潤滑劑，不過和善通常是一種社交策略。我們在日常生活中表現出禮貌，不與人爭，希望避開一切摩擦。然而，「好」雖是一種人際潤滑劑，我們也得深入解讀「好」的含義。微笑點頭除了是「眞高興見到你」，有時也是「請放過我，別再煩我！」的意思。

談判高手靠著理解對手的情況，得知對方的欲望與需求，藉此取得上風，而「請放過我，別再煩我！」的微笑點頭，代表麻煩大了。得知對方內心在想什麼的方法，就是讓對方感到安全、覺得主導權在自己手上。聽起來雖然違反邏輯，我們要做的事，就是讓對方不同意，讓對方劃出自己的界限，靠著說出「不要什麼」來定義「自己想要什麼」。

各位運用本章的方法時，可以想成「反好人策略」。意思不是「不要當好人」，而是表現出眞性情，靠著逼出「No」，剝掉虛假的「Yes」外衣，得知眞正的議題究竟是什麼。運用「No」技巧時，不要忘記幾個重點：

■請改掉試圖讓別人說「Yes」的習慣。人們被迫說「Yes」的時候，心中會警鈴大作。我們愛聽「Yes」的人類本能，讓我們忘記別人逼我們說「Yes」的時候，我們有多抗拒。

■「No」不代表失敗。我們以爲「No」是「Yes」的相反，不計一切代價避開「No」。然而「No」眞正的意思，通常只是「等一下」，或是「我不確定要不要那樣做」。請訓練自己，聽到「No」要冷靜。「No」不代表談判破局，眞正的談判才要開始。

■「Yes」是談判的最終目標，但不要一開始就想讓對方說「Yes」。太快要另一方說出「Yes」──「史密斯先生，您喜歡喝水嗎？」──只會讓對方疑心病大作，把你當成不值得信賴的推銷員。

■說「No」讓人感到安全，覺得事情操之在我，因此請努力讓對方說「No」。說出自己不要什麼，是在爲自己劃出界限，接著就能安心、自信地聽別人說話。因此，問「現在這個時間是不是不方便？」，永遠勝過：「可以跟你聊個兩分鐘嗎？」

- 有時，能讓對方認真聆聽的唯一方法，就是故意誤標他們的感受與欲望，或是提出荒謬的問題，逼他們說出「No」——例如：「你似乎想讓這個計劃失敗」——也就是說出對方只能否認的話。
- 請在對方的世界談判。能不能說服別人，不是看我們有多聰明、多圓滑，或是多強硬。我們要做的事，其實是讓對方說服自己，讓他們覺得我們想要的解決方案，其實是他們自己的主意。因此，不要靠著講道理、也不要靠強硬的態度打敗對方，而是要提問，讓對方開啓能通往目標的大道。**重點不是你**。
- 如果想合作的對象不回應，那就拋出直截了當的「No問題」，暗示你要走了。「你們已經放棄這個案子了嗎？」這個問題，將帶來驚人效果。

第5章
引出可以立即改變所有談判的兩個字

二〇〇〇年八月，菲律賓南部的伊斯蘭激進團體「阿布沙耶夫」（Abu Sayyaf），宣布自己虜獲一名ＣＩＡ探員。實情則沒那麼具有報導價值，對叛軍來講也沒那麼奇貨可居。

阿布沙耶夫綁架了傑佛瑞．施林（Jeffrey Schilling），施林是二十四歲的美國加州人，旅遊時因爲太靠近阿布沙耶夫在霍洛島（Jolo Island）上的基地，才淪爲贖金一千萬美元的人質。

當時，我是ＦＢＩ危機談判組（Crisis Negotiation Unit, CNU）底下的監察專員（Supervisory Special Agent, SSA）。危機談判組等同談判的特種部隊，隸屬於

FBI的人質解救組（HRT），兩個單位是美國的反恐重心，精英中的精英。「危機談判組」的基地，位於FBI維吉尼亞寬提科學院，大家習慣用「寬提科」代指FBI學院。不管這樣叫對不對，在人們心中，寬提科是FBI的大本營，至少是執法的知識重鎮。談判陷入僵局時，談判人員會被指示打電話，看看「寬提科」怎麼說，意思就是打給危機談判組。

危機談判組替高風險的危機談判，設計出威力強大的「行爲改變階梯模型」（Behavioral Change Stairway Model, BCSM）。此一標準流程分爲五階段——積極聆聽、同理心、和諧、影響、行爲改變——談判人員從聆聽著手，最後影響行爲。

此一模型可以回溯至美國心理學大師卡爾．羅傑斯（Carl Rogers）。羅傑斯提倡，只有在治療師接受病患眞正的面目時，病患才會出現眞正的改變——這個方法被稱爲「無條件的正向關懷」。羅傑斯指出，絕大多數的人不期待無條件的關懷，認爲自己得說出或做出別人眼中正確的事（最初的「別人」是我們的父母），才會得到愛、讚美與認可。由於大多數的人得到的正向關懷有條件，我們習慣隱藏眞正的自我與眞正的想法。我們說的話經過算計，目的是贏得他人認可，不透露太多眞心話。

這也正是爲什麼社會互動很少眞的能改變行爲。一般罹患嚴重冠狀動脈心臟病的病人動完開心手術後，醫生會告訴他們：「光靠開刀沒用。如果眞的想活久一點，你得改掉以下的行爲……」此時感激涕零的病患會回答：「好好好，醫生，一定的！這是我重生的機會，我一定改！」

眞的有改嗎？無數研究顯示，沒有，一點都沒改。手術動完兩年後，超過九成的病患生活方式一如往常。

雖然我們每天和孩子、主管或客戶商量事情的時候，風險不像人質談判（或健康危機）那麼高，如果不希望對方只是當下搪塞式的答應，而是眞正做出改變，我們得提供必要的心理環境。

如果能成功讓某個人踏上行爲改變階梯，每一階都會帶來更多信任感、更多人與人之間的連結，一旦出現「無條件的正向關懷」，就會出現突破，接下來就是我們運用影響力的時刻。

多年來，我不斷改良「行爲改變階梯模型」策略，協助所有人取得突破。然而，不論是心臟科醫生，或是熟讀全球最著名的談判書籍《哈佛這樣教談判力》的無數商學院畢業生，大家後來會發現，如果聽到「Yes」，大功八成尚未告成。

接下來要向大家介紹，談判中最悅耳的兩個字，其實是「沒錯」（That's right）。

帶來「恍然大悟」時刻

我有如爲施林的綁架案量身打造的探員，不僅待過菲律賓，也因爲先前在紐約市聯合反恐特遣隊的日子，十分了解恐怖主義。

施林被挾持數天後，我和夥伴查克．瑞吉尼（Chuck Regini）飛往馬尼拉主持談判。我們兩個人，再加上ＦＢＩ在馬尼拉的最高長官吉姆．尼克森（Jim Nixon），一起和菲律賓軍方高層討論該如何處理此事。菲律賓那邊同意，由我們主導相關談判，接著大家各就各位。我們其中一人，要代表ＦＢＩ擬定談判策略，等於也是在代表美國政府，最後由我負責這件事。我在同仁的協助下，負責擬出策略，取得官方同意，並加以執行。

施林的案子，讓我晉升爲ＦＢＩ的首席國際綁架談判專家。

我們主要的談判對象是阿布・沙巴亞（Abu Sabaya），這名叛亂團體的頭目親自談施林的贖金。沙巴亞是反叛運動老手，雙手沾滿血腥。他是那種從電影裡走出來的恐怖主義殺手，具有反社會人格，過去曾犯下強暴、謀殺、斬首等罪行，還喜歡錄下自己的血腥行爲，寄給菲律賓媒體。

沙巴亞永遠戴著太陽眼鏡和頭巾，身穿黑色Ｔ恤與迷彩褲，他覺得那樣看起來很帥氣。各位如果去看阿布沙耶夫那個時期的照片，每一張都會有一個戴太陽眼鏡的恐怖分子。那個人就是沙巴亞。

沙巴亞熱愛、超愛、狂愛媒體。他的快速撥號鍵按下去，會接通菲律賓記者。記者打電話給他時，得用他的母語塔加洛語（Tagalog）提問，但他會用英文回答，因爲他想讓全世界聽見他上ＣＮＮ。沙巴亞告訴記者：「他們應該幫我拍一部電影。」

在我眼中，沙巴亞是個自大、狂傲的冷血生意人，一條貨眞價實的大白鯊。他知道自己在玩交易買賣的遊戲，手上有施林這個寶貴貨物，可以讓他拿到多少錢？走著瞧，我會讓答案是他不會喜歡的驚喜。我是ＦＢＩ探員，我會不花一毛錢就救回人質，讓罪犯接受法律制裁。

不論是什麼類型的談判，關鍵是找出對方是如何得出自己的立場。沙巴亞是打過算盤之後，決定拋出一千萬美元的贖金要求。

沙巴亞是這樣算的。首先，美國先前懸賞，誰要是能提供一九九三年世貿中心爆炸案在逃嫌犯的消息，就能拿到五百萬美元。沙巴亞心想，美國只爲了抓到討厭的人，就願意出五百萬，公民應該更値錢。

第二，據傳阿布沙耶夫的死對頭，近日因爲抓到六個西歐人，拿到兩千萬美元。利比亞強人格達費（Muammar Gaddafi）用「發展援助基金」的名義轉交那筆錢。更荒謬的是，那筆贖金有很大一部分是用假鈔支付。格達費靠著這件事，讓西歐政府難堪，還順道金援自己同情的團體。我確定格達費到死的那一天，想到這件事就想笑。

不管如何，贖金價格已經定出來。沙巴亞算了算，認為施林值一千萬美元。問題在於施林家是工人階級，他的母親最多大概可以拿出一萬美元，而美國政府一毛錢都不會付。不過，如果能藉此來一場突擊行動，我們這一方願意交付贖金。

如果能誘使沙巴亞討價還價，我們FBI有一套每次都成功的殺價方法。我們會殺到我們要的價碼，救出人質，接著展開突擊行動。

有好幾個月，沙巴亞都拒絕降價。他主張西班牙傳教士在十六世紀將天主教傳入菲律賓後，菲律賓的穆斯林自此遭受數百年壓迫。他列舉伊斯蘭前輩遭受過的不人道待遇，解釋為什麼阿布沙耶夫要在菲律賓南部建立伊斯蘭國，還說他們的漁權受到損害，什麼理由都有。

沙巴亞要求千萬美元的戰爭損害賠償——不是贖金，而是戰爭損害賠償。他堅持這一點，而且拒絕我們誘使他進入的討價還價。

有時他還威脅要折磨施林。

沙巴亞直接與菲律賓軍官班吉（Benjie）談判，兩個人用的是塔加洛語，我們FBI看的是翻譯成英文的記錄，接著提供班吉建議。我不停跑馬尼拉，負責監督談判與提供策略。我讓班吉問沙巴亞，穆斯林與菲律賓人之間五百年的血海深仇，究竟與施林何關。班吉告訴沙巴亞，要一千萬美元是不可能的。

不論我們如何試著與沙巴亞「講道理」，告訴他施林和所謂的「戰爭損害」沒關係，沙巴亞都充耳不聞。

第一次的「沒錯」談判突破，其實發生在我與班吉之間。班吉是不折不扣的菲律賓愛國主義者與英雄，也是「菲律賓國家警察特別行動部隊」（Philippine National Police's Special Action Force）指揮官，平日親上火線。有好多次，他的部隊被派去拯救人質，記錄無懈可擊，令歹徒聞風喪膽：他們很少留活口。

班吉想採取強硬策略，用廢話少說的直接方式，向沙巴亞傳遞訊息，我們FBI則希望與沙巴亞對話，找出他們背後眞正的動機。我們居然想和敵人建立關係，令班吉感到不齒。

班吉告訴我們，他需要休息。有好幾週，我們讓他一週工作七天，一天工作近二十四小時。他想到馬尼拉北部山區休假，和家人共度一段時光。FBI說「好」，唯一的條件是我們也跟著去，好在週末撥出幾小時討論談判策略。

星期六晚上，我們坐在美國大使避暑山莊的圖書室商量對策。我向班吉解釋，與談判對手建立和諧、互相合作的關係很重要，就算另一方是沙巴亞這種危險人物也一樣。我看著班吉一臉想咆哮的樣子，知道得先和班吉談判。

我說：「你恨沙巴亞，對吧？」我首先貼了一個標籤。

班吉一股腦兒發洩出來。「我說過我**恨這個人**！」他說，「他作姦犯科，什麼事都幹得出來。我們用迫擊砲攻擊他，他在我們的無線電上說：『砲聲和音樂一樣美妙』。有一次，我在我們的無線電聽見他的聲音，他說他正踩在我們弟兄的屍體上作樂。」

班吉剛才發洩的怒氣，等於是在說「沒錯」。我看著他坦承自己的憤怒，接著控制住怒氣，平靜下來。雖然他先前已經做得非常好，那個瞬間，他搖身一變，成爲眞正的談判大師。

班吉與我之間的「談判」，就像策略不合的同事。要讓對方懂我們眞正的目的之前，首先得說一些話，引他們說出：「沒錯。」

「沒錯」這個突破點，通常不會在談判一開始就出現。另一方會沒意識到自己說出「沒錯」，而且會贊同我們說的話。那個「沒錯」，就是他們的「恍然大悟」時刻。

靠著摘要，讓對方說出「沒錯！」

談了四個月後，沙巴亞依舊不肯讓步。我判斷該是按下重置鈕的時候。

班吉變得非常能言善道，有時你可以想像，沙巴亞在打電話給他之前，一定踱步了一小時，想找出他葫蘆裡究竟在賣什麼藥。沙巴亞會打電話進來說：「告訴我Yes或No！說Yes或No就好！」

我們得讓沙巴亞放棄他那套「戰爭損害」的說辭。我們試過各種發問、邏輯或講道理的方式，但他就是不肯放棄，沒事就威脅要傷害施林，不過我們每次都成功打消他的念頭。

依據我的判斷，要突破這個階段，就得重新定位沙巴亞與他這個人所說的話，才能移除談判障礙。我們必須讓他說出「沒錯」兩個字。當時我並不確定，這兩個字能帶來什麼樣的突破，只知道得對這個方法有信心。

我寫下兩頁指示，告訴班吉該如何轉變談判方向。我們將得動用幾乎是所有的積極聆聽策略：

一、有效停頓（Effective Pauses）：沈默具有強大的力量。我們告訴班吉，沈默可以強調重點，鼓勵沙巴亞一直開口講話，直到像是排出沼澤區的水，抽掉對話中的情緒。

二、小小鼓勵（Minimal Encouragers）：除了沈默，我們建議使用簡單的幾個字，表現出班吉聚精會神聽沙巴亞說話，例如：「對」、「ＯＫ」、「啊哈」、「這樣啊」。

三、鏡像：與其和沙巴亞爭辯，試圖爭贏人質施林與「戰爭損害」無關，班吉現在改成聆聽並重複沙巴亞所講的話。

四、標籤：班吉應該給沙巴亞的感受一個名字，找出他的感覺。「一切似乎太悲劇、太不公平了。我現在可以理解，爲什麼你聽起來這麼生氣。」

五、換句話說：班吉應該用自己的講法，重複沙巴亞的話。我們告訴班吉，這麼做可以有效證明你眞的懂沙巴亞心心念念之事，不只是鸚鵡學舌而已。

六、摘要對方的話：理想的摘要，應該是重述一遍對方的意思，並指出說話內容背後隱藏的情緒（「換句話說」＋「標籤」＝摘要）。我們告訴班吉，他首先必須聆聽，接著重複「阿布．沙巴亞口中的世界」，完整摘要沙巴亞有關於戰爭損害、漁權與五百年壓迫的胡言亂語。一旦他能滴水不漏地摘要，不管是沙巴亞，或是任何面對無懈可擊摘要的人，唯一可能的回應，只有「沒錯」。

兩天後，沙巴亞打電話給班吉。沙巴亞說，班吉聽。班吉開口時，依照我的劇本，同情反叛團體的處境，還進行鏡像模仿，鼓勵對方發言，貼對方標籤，行雲流水運用每一項戰術，使沙巴亞逐漸軟化並轉換觀點。最後，班吉用自己的話，重述沙巴亞眼中的史觀，還說出那個版本的歷史帶來的感受。

沙巴亞沈默近一分鐘，最後說了一句話。

「沒錯。」他說。

我們結束那通電話。

對方從此不再提什麼「戰爭損害」。

從那時起，沙巴亞沒提過錢的事，也沒要求拿到釋放施林的贖金。最後他累了，覺得關著那個年輕加州人很麻煩，便放鬆戒備，最後施林自己逃出營地，菲律賓突擊隊一擁而上，護送他走，施林安全回到加州的家人身邊。

施林逃走兩週後，沙巴亞打電話給班吉：

「你升官沒？」他問，「沒有的話，應該升的。」

「爲什麼？」班吉問。

「我本來要傷害施林，」沙巴亞說，「我不曉得你施了什麼法術，讓我一直沒傷害他。不過不管是什麼法術，它還眞管用。」

二〇〇二年六月，沙巴亞死於與菲律賓軍方的槍戰。

當時施林這場事關人質性命的談判進入緊張高潮時，我並未體會到「沒錯」這兩個字的價値。然而我研究通聯記錄，重建當時的談判情況後，發現沙巴亞是在說出「沒錯」兩個字後，開始轉向。班吉運用ＦＢＩ過去多年來研發出來的基本技巧，說出沙巴亞眼中的世界，還停止採取對抗的態度，讓沙巴亞自由發表意見，把他的事件版本統統說出來。

「沒錯」兩個字出現時，原本陷入僵局的談判，將可從此繼續前進。「沒錯」兩個字掃除了妨阻進展的障礙，讓另一方認爲自己同意某個論點，但又不必覺得好像自己屈服了。

「沒錯」在不知不覺中帶來勝利。

談判的另一方說出「沒錯」兩個字時，他們會覺得自己評估過我們說的話，而且是出於自由意志，宣布我們說的話正確。

那次綁架事件的「沒錯」，讓對話得以往下走，也讓沙巴亞的注意力不再放在傷害施林，替菲律賓突擊隊爭取到進行救援行動的時間。

ＦＢＩ進行人質談判時，從不試圖在最後階段取得「Yes」。我們知道沒有「How」的話，有「Yes」也沒用。此外，人質談判技巧用在商業上時，「沒錯」通常帶來最好的結果。

「沒錯」有如魔法，「你是對的」則什麼事都不會變

在任何談判中，讓對手說出「沒錯」都是制勝策略，但若聽見「你是對的」則大事不妙。

以我兒子布蘭登（Brandon）的美式足球生涯為例，他整個中學時代，都打進攻或防守線鋒的位置，身高一八八公分、體重一一三公斤的他，所向無敵，喜歡把所有穿著敵隊制服的人撞倒在地。

我自己是四分衛，一向不懂線鋒那麼愛橫衝直撞的原因。線鋒就像是北美體型龐大的雪羊，喜歡低下頭撞東西，撞東西使他們快樂。

布蘭登進了康乃狄克州的聖湯瑪斯摩爾預備學校（St. Thomas More）後，教

練要他改打線衛，他的任務因此突然從硬撞每一樣會動的東西，變成避開阻截他的對手。布蘭登理應避開敵人的防堵——你要形容成「閃閃躲躲」也行——接著想辦法拿到球。然而，布蘭登換了位置後，依舊靠迎頭痛擊的方法，解決阻擋他靠近持球者的對手。教練求他避開防堵他的球員，但布蘭登改不了。他喜歡橫衝直撞，壓扁對手讓他自豪。

我和教練試圖向布蘭登解釋情況，然而每一次我們都得到最糟的答案——「你是對的。」他理論上同意，但依舊我行我素，繼續做我們試圖要他停止的行爲，壓扁阻截他的對手，害自己出局。

爲什麼「你是對的」是最糟糕的答案？

想像一下以下情境：有人一直在煩你，就是不肯走開，不管你說什麼，他們都聽不到。你想讓他們閉嘴，離你遠一點，此時你會說什麼？你會說：「你是對的。」

這一招屢試不爽。告訴人們「你是對的」，他們臉上就會露出開心笑容，接著至少二十四小時內不會再來煩你。然而，你其實並不同意他們的立場，說出「你是對的」這句話，只是爲了讓他們離你遠一點。

我和布蘭登的情況就是這樣。他沒聽進我說的話，也不接受我的請求。我究竟得說什麼，才能讓這個孩子眞的懂？我要如何協助布蘭登改變做事的方法？

我想起班吉和沙巴亞的例子。眼看關鍵賽即將開打，我把布蘭登拉到一旁，絞盡腦汁讓他說出「沒錯」這個關鍵字。

「你似乎認爲，躲開防守不夠有男子氣概。」我告訴他，「你認爲只有膽小鬼，才會試圖躲開想撞他的人。」

布蘭登瞪著我，半天不說話。

「沒錯。」他說。

就這樣，布蘭登接受造成他一直不肯改變行爲的現實。一旦他了解自己爲什麼試圖撞倒每一個阻截球員，他開始改變做法，避開防堵，成爲超級優秀的線衛。

有了布蘭登這個在場上負責擒抱的明星線衛，聖湯瑪斯摩爾每場球都贏。

靠「沒錯」成交

我一個學生是大型藥廠的銷售代表，有一次，她靠著讓別人說出「沒錯」兩個字，突破工作上的難關。

當時，我這個學生想把公司的新藥品，推薦給一個會開類似處方的醫生。在她負責的那一區，那位醫生是該類藥物最大的使用者，因此這筆生意能否成交，十分關鍵。

我學生最初去找那位醫生時，醫生拒絕接受她的產品，說那種藥，沒有比他目前已經在用的好。那位醫生很不友善，完全不想聽我學生的觀點，我學生介紹那種藥品的優點時，醫生直接打斷她，駁斥所有說法。

我學生為了推銷新藥物，想辦法了解那位醫生。她發現那位醫生非常熱中於治療病患，每一位病患在他眼中都是獨特的，他努力讓病患能夠安心。這下子，我學生了解那位醫生內心的需求、欲望與熱情，她要如何運用這個情報？

下一次我學生去見那位醫生時，那位醫生問她想討論什麼藥物，不過這次我學生沒推銷自家藥品的好處，而是談起對方的治療方式。

「醫生，」她說，「上次我過來的時候，我們談到您得了這種疾病的病患。我還記得您似乎非常熱中於治療他們，而且您費了很大的工夫，依據每個人獨特的狀況，決定治療方式。」

醫生凝視著她，就好像這輩子第一次見到這個人。

「沒錯，」醫生說，「我覺得自己好像在治療其他醫生尚未發現的流行病，許多病患並未得到充分的治療。」

我學生告訴醫生，他似乎很了解如何治療這些病患，特別是一般藥物對有的病人起不了作用。兩個人聊起那位醫生在治療病患時，曾經碰過哪些特殊挑戰，醫生還給了例子。

醫生說完後，我學生摘要他剛才說的話，尤其是治療時碰上的疑難雜症。

「您似乎替每位病患，量身打造治療方式與藥物。」她說。

「沒錯。」醫生回應。

那正是我學生在等待的突破點。那位醫生先前態度冷淡、抱持懷疑的心態，然而我學生靠著摘要，讚賞他對病患的熱情，高牆因而倒下。醫生卸下防備，我學生贏得他的信任。她沒有推銷產品，而是把時間花在讓醫生解釋自己的治療方式與步驟，進而想出自家產品可以如何協助對方治療病患。接下來，我的學生用換句話說的方式，重述那位醫生面臨的醫療挑戰，把他說過的話呈現在他面前。

醫生一旦表現出信任感與友善的態度，我學生就有機會推銷自家產品的特色，解釋那種藥物正好能讓病患出現理想結果。那位醫生專心聆聽。

「我目前開立的藥方，在有的病患身上沒效果，這種藥可能適合他們。」他告訴她，「我來試試看你們家的藥。」

成功了！

靠「沒錯」讓事業成功

我一個韓國學生為了新工作和前主管商量時，也是靠「沒錯」這一招。

那位學生拿到MBA學位後，預備回首爾謀職。他先前在公司的半導體部門工作，這次想換到消費者電子產品部門。身爲人資專員的他，知道依據公司規定，自己必須得到前主管放行，才能調到新部門，不然就得留在先前的部門。消費者電子產品部門已經願意提供他兩種職位，因此我學生從美國打電話給前主管。

前主管說：「你應該拒絕這次的職位，回來半導體部門。」

我學生沮喪地掛掉電話。如果想在公司有前途，就得聽從前主管的話。他拒絕已經到手的職位，準備回半導體部門。

不過，他聯絡了在人資部門擔任資深經理的朋友，確認公司的做法，結果發現其實公司並未明文規定，一定得留在原本的部門，但的確需要得到前主管放行，才能換部門。

我學生再度打電話給前主管，這次靠問問題引出實情。

「您要我回半導體總部，有任何原因嗎？」他問。

前主管回答：「那是最適合你的職位。」

我學生問：「最適合的職位？公司似乎沒有規定，我一定得留在半導體部門。」

前主管說：「這樣啊，好像的確是沒規定。」

「那能不能告訴我，您爲什麼決定讓我留在半導體總部？」他問。

前主管說，他需要有人在總部牽線，替他聯絡半導體與消費者產品部門。

「所以這樣聽起來，只要我留在總部，協助您與高層溝通，不論我去哪個新部門，您其實可以同意。」

「沒錯，」前主管說，「我得承認，我需要你在總部幫我。」

我學生知道這下子事情有了轉機。前主管不僅說出「沒錯」這兩個悅耳的字，而且還透露自己的眞實動機：他在總部需要盟友。

「您還需要其他協助嗎？」我學生問。

「讓我把一切說給你聽。」前主管回答。

原來，那名前主管將在兩年內有升任副總裁的機會，他非常渴望得到那個職位，需要有人在總部幫忙遊說公司執行長。

「不論如何，我都會幫您。」我學生說，「不過，就算我去總部的消費者產品部門，依舊可以替您聯絡，幫忙在執行長面前美言幾句，對吧？」

「沒錯。」前主管說，「如果你能拿到消費者產品部門的職位，我會批准。」

賓果！我學生靠著提問讓前主管回答「沒錯」的問題，順利達成目標。此外，他還讓主管揭曉兩隻「黑天鵝」，也就是暗藏在談判中、可以帶來重大突破的事件（詳情請見本書第十章）：

- 主管需要有人在總部替他牽線。
- 主管想要往上爬，需要有人在執行長面前說好話。

我學生得到消費者電子部門的理想工作，也努力支持前主管。

他在電子郵件上告訴我：「我真的想都沒想到能有這種結果。這裡的文化是你不可能知道上位者在想什麼。」

我常有機會跑遍全美，與企業領袖對談，有時是正式的談話場合，有時是私人顧問時間。我說出上場打仗的故事，接著再解釋基本的談判技巧。每一次我都會教授幾種技巧，而「沒錯法」是固定教材。

有一次，我去洛杉磯演講，會後聽眾艾蜜莉寫信給我：

嗨，克里斯，我一定要告訴你，不久前，我和潛在的新客戶談價格，我運用了「沒錯」這個技巧，我成功了，拿到理想價格，我太興奮了！

聽你演講之前，我商量價格時，一般會採取「中間法」（取我與對方最初開價的平均），不過這一次，我猜到對方的動機，還用正確方式說出來，讓她在心中說出「沒錯」兩個字……接著她提出我理想中的方案，還問我同不同意！我當然同意。

謝謝你！

艾蜜莉敬上

我心中也想著：沒錯！

■本章重點回顧

中國有一句成語叫「同床異夢」，形容婚姻或事業夥伴關係密切，卻沒有足以維持那段關係的溝通。

想讓婚姻破局，談判破局？那就「同床異夢」吧。

不論是何種類型的互動，當每個人各有目的、各有盤算、各有動機，最初的融洽對話——對話中出現「Yes」或「你是對的」等充當社會潤滑劑的句子——老實講，沒用的，那無法取代我們與夥伴之間眞正的共識。

談判藝術的精髓，在於讓雙方取得共識，而不只是敷衍地說「Yes」。我們讓某個人相信，我們眞的明白他們的夢想與感受時（那是對方的全世界），對方就有可能改變想法與行爲，此時我們已經爲事情的轉機鋪好路。

請靠幾件事幫自己鋪路：

■「無條件的正向關懷」可以改變想法與行爲。人類天生想要合群，愈覺得有人了解自己，有人支持自己，就愈想表現出合群的行爲。

■「沒錯」勝過「Yes」，請努力讓對方說「沒錯」。「沒錯」兩個字一說出口，轉機就在眼前。

■利用摘要法引出「沒錯」兩個字。理想摘要的元素是「標籤」加上「換句話說」。請找出「依據某某人的觀點，這個世界是如何如何」，接著用自己的話講一遍，並在情感上支持對方。

第6章 扭轉對方眼中的現實

海地首都太子港星期一早上，FBI辦公室接到一通電話，對方是某政要的外甥，講話太急，整整講了三遍，我才聽懂他在說什麼。簡單來講，有人把他阿姨從車上擄走，要求十五萬美元贖金。

綁匪告訴他：「趕緊給錢，不然你阿姨就沒命。」

二〇〇四年，叛軍推翻總統阿里斯蒂德（Jean-Bertrand Aristide），導致海地一片混亂。無法無天之下，海地超越哥倫比亞，成爲美洲綁架首府。這個人口八百萬的加勒比海國家，一天就有八至十人被綁架，「榮登」全球綁架率最高的國家。

當時一連串的綁票與死亡威脅中，由我擔任ＦＢＩ首席國際綁架談判人員。我從來沒見過那樣的情形：太子港出現愈來愈多光天化日之下，就攻擊受害人的案件，似乎每一小時，ＦＢＩ辦公室都會接獲綁票通知：十四名學生從校車上直接被擄走；美國傳教士菲利浦．施耐德（Phillip Snyder）準備帶一名海地小男孩到密西根動眼科手術，結果被埋伏的歹徒開槍襲擊，和男孩一起成了肉票；重要的海地政商名流大白天就在家中被鎖定，無人能倖免。

大部分的綁票情節都一樣：綁匪戴著滑雪面罩，包圍一棟房子或一輛車，持槍強行進入，接著帶走一個好下手的被害者——通常是老弱婦孺。

一開始，大家還以爲綁匪是希望動搖海地新政府的政治團體，結果不是。海地罪犯進行政治活動時，以殘暴出名，但如果是綁票，幾乎永遠是爲了錢。

接下來我會告訴各位，當時我們是如何拼湊線索，找出綁匪身分，以及他們眞正的意圖——談判與打擊幫派時，這兩件事是非常寶貴的資訊。不過，我想先提一件事。生死一瞬間的高風險談判，有一個十分明確的特色：表面看到的事，只是冰山一角。

星期一那通要求贖金的電話打來時，政要的外甥嚇壞了，腦中只有一件事：把錢交給歹徒。他的反應合情合理：暴徒打電話來，如果不立刻給錢，就殺掉你阿姨。這種情形似乎沒有轉圜餘地，因此你只能支付贖金，好讓歹徒放你親戚，對吧？

錯了，永遠有轉圜餘地。談判永遠不是線性的，不是X＋Y就會得到Z。只要是人，就會有不理性的盲點、隱藏的需求，以及不成熟的看法。

當各位理解，宇宙中存在著由沒說出口的需求與想法組成的地下世界，就會發現處處是變數，我們可以利用那些變數，改變談判另一方的需求與期待，永遠有辦法改變對方眼中的現實，讓對方眼中的現實，是我們希望他們看到的，而不是他們最初認為自己應得的。方法有很多，包括利用人們恐懼最後期限的心理、詭異數字的神祕力量，以及我們對於公平的誤解。

別妥協

讓我們回到十五萬美元的贖金勒索。人們總是告訴我們，要找出雙贏的解決辦法，要配合，要通情達理。好，那以這個案件來講，怎麼樣才算雙贏？該如何妥協？我們從小到大被灌輸的傳統「妥協」的談判邏輯說：「讓我們取一半，給他們七萬五，這樣大家都高興。」

不，不對，大錯特錯。衆多談判專家鼓吹的雙贏心態，通常效果不彰，還經常帶來災難。最理想的狀況下，雙贏心態頂多是雙方都得不到自己想要的東西。萬一對方採取的是非贏即輸策略，你只會讓自己輸到脫褲。

當然，前文提過，我們得採取合作、具備同理心的做法，建立和諧氣氛。我們得營造能夠成交的互動。然而，不能過於天眞，因爲妥協——「各退一步」——會帶來糟糕結果，妥協一般只會帶來「爛交易」。本章要講的核心概念，就是「爛交易，還不如做不成交易」。

就連綁票案也一樣？

沒錯。綁票案的爛交易就是有人付了錢，結果沒人被釋放。

「妥協」是怎麼一回事？讓我給大家舉一個例子：老婆希望先生穿黑鞋配西裝，但先生不想穿黑鞋，想穿棕色那雙，於是他們怎麼做？他們妥協，各退一步。沒錯，先生穿一腳黑、一腳棕出門。這是最好的結果嗎？才怪！那其實所有可能的結果中最糟的一種，就連其他兩種結果——要麼穿黑鞋，要麼穿棕鞋——都比妥協好。

各位下次想妥協的時候，請提醒自己兩腳穿不同鞋的故事。

爲什麼妥協通常帶來糟糕結果，我們卻對妥協的概念如此著迷？妥協眞正的問題，在於不管是人際關係、政治或是任何情境，大家都覺得妥協是好事。我們從小被灌輸的觀念，就是妥協是一種神聖美德。

想一想前文提到的贖金：什麼叫公平，公平是不付贖金，外甥一毛錢都不想付。那爲什麼他願意付七萬五的贖金，更別提願意付十五萬？沒理由他該付十五萬。外甥只要做出任何妥協，都會得到不合邏輯的糟糕結果。

我在這裡要說，妥協都是胡說八道。我們之所以妥協，不是因爲這是正確的事。我們妥協，只是因爲那樣比較簡單，能保全面子。我們之所以妥協，是想說至少自己還分到一半的餅。追根究柢，我們妥協是爲了安全。大部分的人在談判時，受恐懼驅使，或是受希望免於痛苦的欲望驅使，很少人是爲了完成眞正的目標而妥協。

因此，別妥協。我教大家一個簡單原則：**永不折衷**。永遠得冒某種程度的險，忍受麻煩、混亂與衝突，才可能得出創意解決法，通融與折衷則辦不到。吃得苦中苦，方能完成好交易，談判專家都是這麼做的。

最後期限：讓時間成爲盟友

不論什麼類型的談判，時間都是最關鍵的變數。一分一秒消失的時間，以及更令人心慌意亂的最後期限，都逼著每一場談判得談出個結果。

不論各位碰到的最後期限是眞的、絕對不能更改，還是隨便定的日期，都會讓你誤以爲，現在就達成協議比拿到好條件重要。最後期限永遠會讓人們說出衝動的話，做出衝動的事，損害自己的最佳利益，只因爲人類的天性是在最後期限快到時，奮力往前衝。

談判高手則強迫自己抗拒趕上最後期限，還利用其他人屈服的衝動。要做到這點並不容易。各位可以問問自己：爲什麼最後期限會帶來壓力與焦慮？答案與「後果」有關，我們想到，萬一沒在定下的時間內得出結論，將導致未來的損失——我們的腦袋幻想未來情境時尖叫著：「這案子吹了！」

我們允許「時間」這個變數帶來前述想法時，是在把自己綁架爲人質，不加思索就行動，做出糟糕決定。談判的另一方則好整以暇，看著我們爲想像中的最後期限忙得團團轉。

沒錯，我剛剛確實說了「想像中的」。我在民間待過的這些年，幾乎每次與企業家或主管合作時，都特別請教對方，在職業生涯中，是否曾經目睹或親身經歷過談判因爲超過最後期限，遭受負面後果。數百位客戶中，只有個人，一共就只有那一個人，在認眞考慮這個問題後，回答「有」。最後期限通常是任意定的，幾乎永遠有彈性，而且幾乎不可能引發我們以爲——或是別人告訴我們——會引發的後果。

談判的最後期限是想像中的怪物，幾乎完全是自己幻想出來的，好讓我們爲了不必要的事心煩意亂。我的顧問公司教導客戶的口訣是：「爛交易，還不如做不成交易。」客戶一旦眞的把這個口訣內化，開始認爲需要花多少時間好好談判，就花多少時間，耐心令他們無往不利。

海地開始流行綁架幾週後，ＦＢＩ注意到兩個模式。首先，星期一似乎特別忙碌，就好像綁匪嚴守工作道德，一星期的第一天就要開始幹活了。第二，週末來臨時，綁匪特別急著拿到贖金。

起初，這兩個模式令我們感到莫名其妙，然而仔細聽綁匪與我們救出的人質說的話之後，我們發現一件早該注意到的事：這些綁架案和政治一點關係都沒有，歹徒只是小毛賊，他們想在星期五之前拿到錢，週末才能開派對。

一旦我們了解這個模式，也知道綁匪給自己的最後期限，等於得知兩個關鍵資訊，一下子便完全占上風。

首先，如果我們拖延談判，拖到星期四或星期五，再給綁匪施點壓力，就能拿到最好的條件。第二，由於海地物價完全不需要十五萬美元，就能過個好週末，於是我們可以開價，只給小小一筆錢就夠了。

我們究竟有多接近綁匪自己下的最後期限，可以從他們給的威脅有多明確判斷。「錢拿來，不然你阿姨就死定了。」這種是一開始的威脅，因爲沒有給出明確的細節。不管是哪一種類型的談判，威脅愈明確，代表愈來愈接近眞的會有後果的暗盤時間。如果要判斷威脅的嚴重程度，可以留意「What」（什麼？）、「Who」（誰？）、「When」（何時？）與「How」（如何？）等四大問題出現多少次。人在威脅他人時，會在有意無意間製造可以利用的模糊空間。海地的綁架案在週末即將來臨時，模糊空間愈來愈小，而且每件案子都差不多，於是模式出現了。

我掌握模式後，開始預期綁票案固定會爲期四天。雖然知道這點後，被綁架依舊不是什麼好事，但案子會如何發展變得很好掌握，而且對家屬來說，也變得便宜許多。

最後期限不只可以在人質談判中，助各位一臂之力，就連賣車的人在月底時，都比較會算便宜一點，因爲月底要結算績效。同樣的道理，每季計算一次業績的公司推銷員，在季底也比較好講話。

前文提到談判人員會利用對手的最後期限占上風。這樣聽起來，應該最好不要讓別人知道我們的最後期限。的確，大部分的老派談判專家會這樣告訴你。

談判大師赫伯・柯漢（Herb Cohen）在一九八〇年暢銷書《如何成爲談判高手》（*You Can Negotiate Anything*）[1]中，提到自己第一次上場談大生意的故事，當時公司派他到日本和供應商談判。

柯漢抵達日本時，供應商問他會待多久，他說一星期。接下來七天，東道主帶他參加派對，還四處參觀——行程滿檔，但就是不談正事，一直到了柯漢即將離開日本了，才開始談，所以雙方是在前往機場的路上才敲定最後細節。柯漢回到美國，心沉到谷底，覺得自己被耍了。他在最後期限帶來的壓力下，過於讓步。事後回想起來，要是能重來，他會不會告訴日本供應商自己的最後期限？柯漢說不會，因爲那給了對方自己沒有的工具：「他們知道我的最後期限，我卻不知道他們的最後期限。」

今日柯漢的心態十分盛行，大家都遵守那個簡單原則，視最後期限爲不利的策略。大部分的談判人員都遵照柯漢的建議，隱瞞眞正的最後期限。

讓我告訴各位一個小祕密：柯漢，以及遵守他的建議的談判「專家」們，全都錯了。最後期限其實是雙向的。柯漢擔心，要是雙手空空離開日本，老闆會不高興協議沒談成。然而要是柯漢沒談妥就離開，和他談判的人同樣沒好處。那就是關鍵：談判一旦結束，甲方就沒得玩，然而乙方也一樣。

事實上，加州大學柏克萊分校哈斯商學院（Haas School of Business）的唐．摩爾（Don A. Moore）教授表示，隱瞞最後期限，其實反而讓談判者處於最糟的境地。摩爾的研究發現，隱藏最後期限會大幅增加談判陷入僵局的風險，原因是有最後期限會促使人們快點讓步，但隱瞞的情況下，另一方覺得還有時間，因此便拖拖拉拉。

想像一下，假如ＮＢＡ老闆在談合約時，自行設定了最後停工期限，但沒告訴球員工會。快到最後期限時，ＮＢＡ老闆會讓步再讓步，不曉得內情的工會則乘勝追擊，一直談判下去，直到過了最後的祕密期限。如果是這種情況，隱藏最後期限是自己在和自己談判，讓自己永遠淪爲輸家。

摩爾教授發現，談判者如果告訴另一方自己的最後期限，將取得更好的談判結果。那是眞的。首先，你讓對方知道自己的最後期限時，將減少談判陷入僵局的風險。第二，對手知道你的最後期限，他會更快開始談正事，也更快讓步。

進入下一章節之前，提醒大家最後一件事：最後期限幾乎永遠不會無法更改。比期限更重要的是投入在過程之中，感受一下完整的談判大概得花多少時間。你可能會發現要做的事很多，預定期限給的時間太短。

世上沒有「公平」這回事

我的談判課程進入第三週時，課堂上會玩我最喜歡的遊戲，那個遊戲會讓學生知道他們有多不了解自己（很殘忍，我知道）。

那種遊戲叫「最後通牒」（Ultimatum Game），規則如下：學生兩人一組，一個人當「出價者」，一個人當「接受者」。我給每一位「出價者」十元，接著「出價者」向「接受者」提議要給他多少錢（一個整數）。如果「接受者」同意那個數字，「出價者」可以拿到剩下的錢。不過，如果「接受者」拒絕，兩個人一毛錢都拿不到，十元要還我。

不論學生是「贏了」並拿到錢，或是「輸了」，得把錢還給我，都不重要（有差的只是我的錢包），重點是學生達成什麼樣的交易。令人訝異的是，幾乎毫無例外，不論學生做出何種選擇，沒有任何一種選擇占多數。不論是六四分，五五分，七三分，或八二分，學生們做完選擇，接著看別組的結果後，驚訝地發現大家分法都不一樣，沒有哪種結果特別多人選。也就是說，只不過是分「撿到的」十塊錢這麼簡單的事，大家並沒有怎樣才叫「公平」或「理性」分法的共識。

班上做完這個小實驗之後，我在學生面前，強調一個大家不喜歡聽到的重點：他們每一個人如何分錢的理由，全都百分百不理性又情緒化。

「怎麼可能？」他們說，「我做了理性抉擇。」

接下來我解釋為什麼他們錯了。首先，如果大家全都用理智決定，怎麼可能出現這麼多不同的分錢組合？重點就在那：他們其實不是用理智決定，只不過是假設夥伴會運用和他們一樣的邏輯。「如果你上場談判時，認為另一方的思考模式和你一樣，你就錯了。」我說，「那不叫同理心，那叫投射。」

我進一步問：爲什麼沒有任何「出價者」出一塊錢？對「出價者」來講，一塊是最理性的，而且「接受者」也沒理由拒絕。此外，萬一眞的出一塊，結果被拒絕——這種事發生過——「接受者」爲什麼拒絕？

「任何不是出一塊錢的人，都做了情緒化的選擇。」我說，「還有，你們這些拒絕一塊錢的『接受者』，怎麼會覺得拿到〇元比拿到一元好？錢的法則突然變了嗎？」

我的學生原本自認理性，這下子信念動搖了。沒有人是理性的行爲者，我們人全都不理性，全都被情緒帶著走。我們做決定時，一定牽涉情緒，假裝情緒不存在將得付出代價。這個結論就像是當頭棒喝。

神經科學家安東尼奧．達馬修（Antonio Damasio）在《笛卡爾的錯誤：情緒、理智與人類大腦》（*Descartes' Error: Emotion, Reason, and the Human Brain*）一書中[2]，解釋自己突破性的發現。達馬修研究大腦情緒區受損的民衆，發現他們有一個特別的共通點：他們無法下決定。這樣的人可以靠邏輯描述自己該做的事，但連最簡單的決定都下不了。

換句話說，我們可能靠著邏輯，說服自己要做某個決定，然而下決策的事，則由情緒掌管。

「F」開頭的字：為什麼那個字力量強大，何時該用，又該怎麼用

談判中最強大的詞彙就是「公平」（Fair）。身為人類的我們，深受公平的感覺影響。人們如果覺得獲得公平待遇，便會遵守協議；若覺得不公平，則大吵大鬧。

過去十年的大腦成像研究顯示，人類的神經活動，尤其是調節情緒的腦島皮質（insular cortex），可以反映出社交互動時不公平的程度。就連人類以外的靈長類動物，天生就會抗拒不公平。一個很有名的實驗，讓兩隻捲尾猴做同樣的任務，然而一隻拿到的獎勵是香甜葡萄，另一隻卻拿到小黃瓜。被餵食小黃瓜的猴子面對如此明顯不公的待遇，牠抓狂了。

依據我多年的經驗，玩最後通牒遊戲時，「出價者」如果只出自己手中不到一半的錢，大部分的「接受者」會拒絕。如果只出四分之一的錢，想都別想，「接受者」會覺得自己被污辱。大部分的人做出不理性的決定，讓錢從指尖溜過，不接受可笑的出價，因爲不公平的負面情緒感受，壓過理智告訴我們的金錢正面價值。

不公平帶來的不理性反應，也出現在金額龐大的合作。

還記得嗎，羅賓・威廉斯（Robin Williams）替迪士尼電影《阿拉丁》（*Aladdin*）的精靈配過很棒的音？羅賓・威廉斯表示，他爲了留下珍貴回憶給自己的孩子，那次的配音他大減價，只收七萬五美元，遠低於他平日的八百萬片酬。然而後來那部電影大賣特賣，票房高達五億〇四百萬美元。

羅賓・威廉斯暴跳如雷。

讓我們用最後通牒遊戲來看這個例子。羅賓・威廉斯生氣的不是錢，令他憤怒的其實是不公平的感覺。他不曾抱怨合約，直到《阿拉丁》瘋狂賣座，他和經紀人才大叫自己被剝削。

幸好，迪士尼願意安撫大明星。迪士尼除了首先指出一個明顯事實：羅賓・威廉斯當初其實很開心簽下合約，接著就補償他，送他一幅畢卡索的畫，據說價值一百萬美元。

伊朗就沒那麼幸運了。

近年來，伊朗因爲遭受制裁，損失千億美元以上的外國投資與石油收入，起因是伊朗堅持支持一項鈾濃縮核能計劃，而那個計劃只不過能滿足國內二%的能源需求。換句話說，我的學生覺得別人出價一塊，是在污辱他們，因此他們不收那天上掉下來的一塊錢，而伊朗則是爲了堅持執行預期不會帶來太多好處的能源計劃，斷絕國家的主要收入（石油與天然氣）。

爲什麼？答案再次與「公平」有關。

伊朗覺得，世界強權太不公平了——強權自己加起來擁有成千上萬的核子武器——卻可以決定伊朗能不能使用核能。此外，伊朗也不懂，爲什麼自己因爲鈾濃縮就被國際社會排擠，印度和巴基斯坦暗中取得核武卻沒事？

前伊朗核子談判人員薩伊德・胡笙・莫薩維安（Seyed Hossein Mousavian）

上電視訪問解釋了事情的癥結點：「對伊朗人來說，今日的核子議題，重點不在核子，」他說，「重點是伊朗人要抵抗各國壓迫，維持自己的獨立性。」

各位可能不相信伊朗說的話，不過顯然抵抗不公不義是強大的行為動機，就算得付出龐大代價也不足惜。

各位一旦了解「公平感」會帶來多混亂、多情緒化、多損人不利己的情勢，就能明白「公平」兩個字具備強大威力，用的時候一定要小心。

事實上，在三種情況下，人們會丟出「公平」炸彈，只有一種是正面的。最常見的情形，就像柔道讓對手站不穩的防禦動作，常見的招式是有人會拋出「我們求的，不過就是公平而已」這一類的話。

請回想一下，上一次有人暗示你「爲人不公」，你有什麼感覺。你一定覺得不舒服，想立刻替自己辯護。這一類的感覺通常出現在下意識，而且通常導致不理性的讓步。

幾年前，我一個朋友想賣掉波士頓的房子。當時市場景氣很差，買主的出價遠低於我朋友希望的價格，也就是說，賣了會大虧。我沮喪的朋友向潛在買主扔出公平炸彈。

「我們只想拿到公平的價格。」她說。

買家因爲這個含蓄的指控，亂了陣腳，立刻提高出價。

各位如果是被指控不公的那個人，得明白一件事：對方可能不是試圖想騙你；他們可能和我朋友一樣，只是覺得無法接受當下的情勢。最好的回應方法是深呼吸，阻止自己讓步，接著說：「OK，我道歉。讓我們停下來，回到我開始對你不公平的地方，一起來解決那件事。」

第二種「公平炸彈」則比較陰險。此時對手的手法是指控你很笨或不誠實，他們會說：「這個價格已經很公平了。」這是一種想擾亂注意力，或是想騙你讓步的糟糕小手段。

每次有人想在我身上用這一招，我都會想起國家美式足球聯盟（NFL）上一次的停工事件。

當時勞資雙方僵持不下，NFL 球員協會（NFL Players Association, NFLPA）

說，如果要他們同意最終協議，資方得公開帳目。資方怎麼說？

「我們已經付給球員公平的薪水。」

請注意老闆們奸詐的地方：他們沒公開帳目，也沒拒絕，而是把焦點轉移到NFL球員協會不懂什麼叫公平。

各位如果身處這種情境，最好的回應方式，就是鏡像模仿被拋到你身上的「公平」二字，回應：「公平？」接著停頓，讓這兩個字發揮力量，原本要打在你身上的力道，這下子倒過來打在對方身上。接下來，靠著給一個標籤：「似乎你準備好提供我不公平的證據。」要求對方打開帳簿，或是交出資訊，那個資訊可能抵觸他們說你不公平的指控，或是讓你得到更多可以運用的數據，瞬間削弱對方的攻擊力道。

最後一種公平炸彈情境，則是我個人最喜歡的，正面又具有建設性，可以替誠實、有同理心的談判鋪路。

我運用的方式如下：開始談判時，我會說：「我希望你隨時都覺得自己被公平對待，因此如果你覺得我不公平，請立刻打斷我，以便好好討論一下。」

簡單一句話，就能清楚把自己塑造成誠實的談判者。我靠那句話讓對方知道，如果他們自己做人誠實，他們可以對我拋出「公平」二字。各位在談判時，應該努力建立公平的名聲。人們會先聽說你的名聲，然後才見到你本人。請努力靠名聲讓自己贏在起跑點。

找出是什麼在牽動對方的情緒

幾年前，我無意間讀到《銷售必勝絕招》（*How to Become a Rainmaker*）這本書[3]，每隔一段時間就會再翻一遍，複習人們會出於什麼情緒做決定。這本書精彩解釋銷售是不理性的，得改從情緒框架的角度來看。

如果能讓另一方透露自己的問題、痛苦、未盡的目標——如果你能抓到人們**真正**是在買什麼——就能賣願景給他們的問題，你的提議將是完美解決方案。

讓我們從最基本的角度來看這件事。優秀保母眞正賣的是什麼？他們賣的其實不是照顧孩子的服務，而是「家長可以輕鬆一晚上」。暖氣機推銷員賣什麼？全家人可以舒舒服服待在房間。鎖匠賣什麼？安全感。

各位弄懂人們究竟是受什麼情緒驅使之後，就有辦法用他們會起共鳴的方式，框架成交會帶來的好處。

扭轉對方眼中的現實

面對同一個人，改變一兩個變數，就如同一百塊美元，可以是重大勝利，也可以是重大污辱，各位弄懂這點後，就能讓對方眼中的污辱轉變成勝利。

給各位一個例子。我有一個紅白色咖啡杯，上頭是瑞士國旗圖案，沒缺角，但是個二手貨，老實講，各位願意付多少錢買這個杯子？

各位大概會出三塊半之類的價錢。

現在假設那不是我的杯子，而是你的，你要賣給我。請告訴我，那個杯子值多少錢。

各位大概會告訴我，那個杯子值五塊至七塊。

在這兩個例子中，同一個咖啡杯，我只不過是把那個杯子的主人改成你，就完全改變杯子的價值。

各位也可以想像一下，我給你二十美元，請你幫我買杯咖啡，三分鐘內就能搞定。你覺得才三分鐘，就能拿二十美元，等於時薪四百美元，太棒了！然而，接著你發現，我在你跑腿的期間，賺進一百萬美元。你從時薪四百的狂喜，變成憤怒，你覺得被剝削了。

二十元的價值，就跟咖啡杯的價值一樣，並未改變，然而你的觀點變了。我框架那二十元的方式，讓你從開心變不爽。

我告訴過各位，做決定時，別讓自己情緒化又不理性，前文已經舉過例子。這裡要說的是，雖然我們的決策大致來講並不理性，我們的行爲背後，依舊有一致的模式、原理與原則。一旦了解那些心理模式，就能想辦法加以影響。

目前爲止，**展望理論**最能說明人類不理性的決策。心理學家康納曼與特沃斯基在一九七九年提出此一理論，解釋人們如何在有風險的選項中，做出抉擇，例如談判時面臨的選擇。展望理論認爲，人們喜歡確定的事，不喜歡曖昧的結果，就算機率非百分百的選項是更好的選擇也一樣，也就是所謂的**確定效應**（Certainty Effect）。此外，相較於「得到」，人們會爲了避免「失去」，甘願冒更大的險，也就是**損失規避**。

以上現象能說明，爲什麼統計上沒必要買保險的人，依舊買保險。或是這樣想吧：如果某個人被告知可以選，一個是九五%的機率可以拿到一萬美元，一個是百分之百可以拿到九四九九美元。通常人們會避開風險，選擇百分之百這個安全選項。同一個人，如果被告知九五%的機率會損失一萬美元，或是百分之百將損失九四九九美元，此時這個人會做相反決定，選擇賭注較高的九五%機率，以避開損失。同樣的金額，相較於有可能拿到一萬，人們會爲了不要損失一萬，更願意放手一搏。

接下來幾頁，我會解釋如何靠「展望理論」取得上風，不過我先告訴大家一個重要的「損失規避」原則：如果是很難敲定的談判，光是讓另一方看到我們能提供他們想要的東西，那還不夠。

如果要取得眞正的上風，你得讓對方相信，如果交易談不成，他們會蒙受具體損失。

一、定錨對方的情緒

若要改變對方眼中的現實，我們得先從基本的同理心開始。因此，我們先「清查指控」，找出對方心中所有的恐懼。定錨住他們準備迎接損失的情緒，引發他們的「損失規避」心理，讓他們一看到可以避免損失的機會，就抓住不放。

我離開ＦＢＩ後，幸運接到的第一個顧問案，是要訓練阿拉伯聯合大公國的國際人質談判團隊。然而不幸的是，這份榮耀中途被打了折扣，主要承包商出大包（我是次承包商），問題大到我得通知已經請好的講師壞消息。大家一般日薪是兩千美元，但我將得告訴他們，接下來幾個月，我只能支付五百。

我知道要是直接告訴大家實情，他們會叫我滾，因此我打電話給每一個人，一一靠「清查指控」影響他們的感受。

我告訴大家：「我有一個很爛的提議。」接著停頓，直到每個人追問怎麼了。「等我們講完這通電話，你會覺得我是一個很爛的人，根本不會做生意。

你會覺得我連編預算都不行，沒能力擬定計劃。你會覺得克里斯．佛斯愛講大話，完全搞砸離開ＦＢＩ後的第一個大案子。他根本不會做生意，而且可能是在唬弄我。」

我把大家的情緒定錨在「低預期」的地雷區後，開始利用「損失規避」心理。

「儘管如此，我在問別人之前，想先告訴你這個機會。」我說。

突然間，這件事與日薪從兩千被砍到五百無關，而是不要把賺五百的機會讓給別人。

幾乎每個人都接受了，沒有討價還價，也沒抱怨。要不是我先把他們的情緒定錨在很低的地方，他們對五百的觀感會完全不同。如果我直接打電話過去說：「我可以給你一天五百，你覺得如何？」他們會掛電話，覺得自己被污辱。

二、讓對方先出手……至少大部分的時候

好了，顯然在扭曲另一方眼中的現實時，定錨情緒很有用。然而，協商價

格時，搶先出價未必是好事。

大導演比利・懷德（Billy Wilder）曾想請知名偵探小說家雷蒙・錢德勒（Raymond Chandler），替一九四四年經典電影《雙重保險》（*Double Indemnity*）寫劇本。錢德勒是好萊塢新人，不過他準備好上場談判。他去見懷德與電影製作人，率先開價，獅子大開口自己週薪可是要一百五十美元，而且警告懷德，可能得花三週才能完成劇本。

懷德與製作人忍不住捧腹大笑，因為他們原本打算支付錢德勒週薪七百五十美元，而且知道電影劇本一寫就得寫上好幾個月。錢德勒很幸運，懷德與製作人重視雙方的合作關係，區區幾百美元算不了什麼。兩人同情這位傻作家，幫他請來經紀人在之後的談判中代表他。

我學生傑瑞和錢德勒一樣，因為率先提出自己要多少薪水，大大搞砸了談判（我要澄清，這件事發生在他成為我學生之前）。

傑瑞參加某紐約金融公司面試，開出十一萬美元薪水，主要原因是那個數字比先前的薪水高三成。他開始上班後，才發現所有同事起薪都是十二萬五。

那就是為什麼談錢的時候，我建議讓另一方先定錨。

真正的問題在於談判桌上，沒有任何一方握有完全資訊（perfect information）。一般而言，我們手上資訊不足，無法胸有成竹地搶先開價。當我們不曉得自己買賣的東西的市價時，尤其如此，例如傑瑞與錢德勒的例子。

讓另一方先拋出錨點，搞不好我們會走運：我曾經多次碰過對方的開價，高過我心中的成交價。如果我先出價，對方會欣然同意，而我會害自己遭遇「贏者的詛咒」（winner's curse）或「買家的懊悔」（buyer's remorse），也就是買貴了，或是開價開太低時，那種懊悔不已的感覺。

儘管如此，讓另一方先定錨要小心。你得做好心理準備，才有辦法承受第一次的出價。如果對方是專業的談判高手，是大鯊魚，他會設定極端錨點，扭曲你眼中的現實，接著再提出另一個荒謬價格，你就會覺得可以接受，如同貴到離譜的 iPhone 從六百美元降到四百，你就會覺得依舊很貴的四百，好像也還好。

人會被極端數字定錨的心理現象，叫「定錨與調整效應」（"anchor and adjustment" effect)。研究人員發現，我們很容易依據第一個參考點做調整，例如算式8×7×6×5×4×3×2×1，多數人乍看之下，覺得答案大過1×2×3×4×5×6×7×8，原因是我們依據先出現的數字做推理。

不過，這也不代表「永遠不要先出價」。這類原則很好記，然而經過簡化的法則，大都並非萬用招式。如果另一方是沒經驗的新手，各位可以當個老狐狸，拋出極端的錨點。如果你很懂市場，另一方也是掌握充足資訊的專家，開口提出一個數字，只是爲了展開談判。

究竟該不該當吃掉新手的老狐狸？以下是我的建議。請記住一件事：名聲比什麼都重要。我碰過執行長的名聲是永遠想狠狠擊敗對手，很快地，沒人想跟這種人做生意。

三、給一個範圍

第一個開價鮮少有好處，不過有一個辦法是似乎開價了，並在過程中扭曲對方眼中的現實。那個方法就是暗示一個範圍。

什麼意思？碰到得開出條件或價格時，雖然你有一個理想中的範圍，開價的方法是想出另一個可以提供基準範圍的類似情形。我學生傑瑞不該說：「我值十一萬的薪水」，他可以說：「在ＸＸ等一流公司，薪水在十三萬到十七萬之間。」

那樣的回答可以傳達出你的意思，但不會激起對方的防禦心，還能讓對方想著更高的數字。研究顯示，聽見極端錨點的人會下意識朝起始數字的方向，調整自己的預期。許多人甚至會直接選擇價格上下限。如果傑瑞當初給了「十三萬到十七萬」這個範圍，公司大概會給他十三萬，因爲相較於十七萬，十三萬感覺好便宜。

哥倫比亞大學商學院（Columbia Business School）近日的研究發現[4]，提出一段薪資範圍的工作應徵者，整體拿到的薪水，遠高於只給一個數字的人。如果那段範圍是「往上加的範圍」（bolstering range），尤其如此，也就是把心中眞正的理想薪資當成範圍下限。

可以預期的是，如果提供一段範圍（這是很好的做法），對方大概會選擇最低底線。

四、看看有沒有「無價」之寶

人們把大量力氣放在「多少錢？」，然而，不要光是討論數字。只討論數字，將導致一連串「公不公平」與「面子問題」的情緒性討價還價。談判很複雜，涉及人類心理。

如果要讓另一方眼中的世界，變成我們眼中的世界，最簡單的方法，就是看看有沒有和錢無關的好東西。先拋出高錨點，接著提供我們不在乎、但對方很在乎的東西，讓開價顯得合理。如果對方開價很低，也可以要求對方沒那麼在乎、但我們在乎的東西。有時要找出雙方都能接受的條件沒那麼容易，因此通常可以自己先舉例，讓大家一起腦力激盪。

不久前，我曾經提供曼非斯律師協會（Memphis Bar Association）訓練課程。他們想要的那種課程，一般我一天的收費是兩萬五千美元，但他們開出低很多的價格，讓我卻步。不過接下來，他們提議讓我登上協會雜誌的封面。對我來說，能登上封面，讓全國不曉得多少頂尖律師認識我，那是無價的廣告（再說了，老媽會臉上有光！）。

對協會來講，雜誌封面總是得放東西，因此對他們而言，不花成本，就換到我大幅降價。現在我到外頭談價格，都會提供這個例子，讓另一方腦力激盪一下，看看有沒有這種對他們來講很便宜、對我來說卻很珍貴的「無價」之寶。

五、真的要談數字的話，給一個有零頭的數字

每個數字都會帶來超越表面價值的心理作用。有的人覺得「17」是幸運數字，因此特別喜歡「17」，不過這裡要講的不只那樣。談判時，有的數字感覺比其他數字更不可動搖。

各位一定要記住一件事，尾數是「0」的數字，感覺是暫時的，不過是可以再談的約略數字。反過來講，有零頭的數字，例如：$37,263，感覺像是經過仔細計算後得出的數字，另一方會覺得這種數字動不了。因此，各位可以善用這種數字，堅持自己的開價。

六、出乎意料的「這送你」

有一招可以讓另一方進入大放送的心態，方法是先提出極端錨點，接著在對方不出意料地拒絕後，提供完全無關、出乎意料的禮物。

此類的意外讓步，效果強大，因爲人是一種互利互惠的動物，對方會覺得有必要回應我們的慷慨，突然願意提高價格，或想辦法在未來回應我們的善意舉動。積欠人情會讓人想要補償。

國際政治也有這類例子。一九七七年，埃及總統沙達特（Anwar Sadat）出乎意料在以色列議會上演講，在世人訝異的眼神中，推動埃及與以色列之間的和平協議。沙達特這個示好的舉動，其實沒有做出任何實質妥協，但的確朝著和平跨了一大步。

回到海地綁架案的例子。綁匪綁了當地政要外甥的阿姨幾小時後，我和外甥通電話。

外甥告訴我，他們家籌不出十五萬，不過可以付五萬到八萬五之間。但我知道，對綁匪來講，贖金只不過是週末要吃喝玩樂的錢，因此我把目標定在極低的五千美元。事關專業人士的尊嚴，絕不能妥協。

我建議外甥，先讓對話定錨，讓歹徒覺得他沒錢，但不要講出「No」這個字，以免傷害歹徒的自尊心。

外甥在下一通勒贖電話中問：「我怎麼有辦法拿出那麼多錢？」

綁匪又提出空泛的威脅，說要傷害阿姨，再次要他把錢拿出來。

此時，我讓外甥巧妙質疑綁匪不公平。

外甥告訴綁匪：「不好意思，但要是你們傷害她，我們怎麼能給錢？」

那句話暗示綁匪，他們最該避免的事是讓阿姨丟掉性命。如果還想拿到錢，就得讓阿姨毫髮無傷，畢竟這是一物換一物。

請注意，此時外甥並未提到贖金價格。這個拖延戰術讓綁匪不得不自己先開價。沒人催促，就自動降價到五萬。

好了，現在綁匪眼中的現實，已經被扭曲成小數字。我和同仁要外甥繼續堅守立場。

「我怎麼拿得出那麼多錢？」我們要外甥問。

綁匪再次降價到兩萬五。

好了，現在贖金接近目標。我們要外甥第一次出價，給出極端的錨點——三千。

電話那頭安靜下來，外甥全身冒汗，但我們要他堅持住。綁匪對於能拿到多少贖金的概念完全翻轉的那一刻，總是令人緊張萬分，這是正常的。

綁匪再次說話時，感覺像是震驚到休克，但他穩住自己，再來的出價，已經降至一萬美元。此時，我們要外甥講一個有零頭的數字，就好像他仔細計算過阿姨的命值多少錢：$4,751。

綁匪的新價格是多少？這次是七千五。我們要外甥「隨口」提到，他再加碼一台全新手提音響，並且堅持只能付 $4,751。綁匪其實不需要什麼手提音響，但覺得要不到更多錢了，所以便答應了。

六小時後，家屬付錢，阿姨安全返家。

談出好薪水的方法

畢業生薪水是商學院排名的關鍵指標，因此我告訴每一個ＭＢＡ班的學生，我的首要目標就是靠一堂課就提高學校排名，教大家如何談出好薪水。

我融合本章提到的技巧，把談薪水的過程分爲三階段，不但可以讓大家薪水往上跳，還能讓主管替我們爭取加薪。

用愉快的態度，堅持錢以外的福利

用愉快的態度堅持是一種情緒錨點，可以讓主管產生同理心，讓大家能在正確的心理環境下，做出有意義的討論。談愈多錢以外的福利，就愈可能完整聽到公司可以如何安排。如果公司無法滿足你的非金錢要求，甚至可能靠提供更多薪水討價還價，我以前一個法裔美國學生就碰上這種情形。我學生帶著大大的笑容，堅持要求除了公司一般給的有薪假，另外多要一週假期。我學生說自己是「法國人」，法國人都會休那麼多假。想聘她的公司，完全卡在休假議題，然而我這個學生實在太討喜，而且也因爲她在提自己的身價時，加上了非金錢的變數，公司最後提出不能多休假，但能多給一點薪水。

沒講好怎麼樣可以加薪的薪水，是俄羅斯輪盤

談好薪水後，別忘了談怎麼樣叫「表現良好」，以及下次加薪的標準。談加薪條件對你來講意義重大，對主管來說則不用花錢，和律師協會提供我上雜誌封面的機會很像。那個條件將讓你得到計劃中的加薪，而且自己的成功都是主管督導有方後，牽涉到下一個步驟……

靠著讓別人對你的成功有興趣，得到貴人

還記得嗎，要找出另一方真正要買的東西？各位把自己推銷給經理時，要讓對方覺得，你不只是「一個蘿蔔一個坑」塡補空位的那根蘿蔔，而是要讓經理覺得，你，以及你成不成功，與他們的英明程度有關，而且要向全公司廣播這件事。一定要讓主管覺得，他們在公司究竟有多少身價，你就是明證。一旦

讓主管覺得自己是我們的大使，我們成不成功就和他們有關。

問一問主管：「怎麼樣才能在這個地方成功？」

請注意，許多ＭＢＡ就業輔導中心也建議問類似的問題，然而學校的建議，與我們這裡的問題**不完全一樣**。一定要一字不差地問前面那句話。

我的ＭＢＡ學生在面試時問這個問題，面試官往前靠，告訴他們：「從來沒人問過我們這個問題。」接著給出非常詳細的答案。

關鍵在於如果有人提點我們，他們就會觀察我們，看看我們是否遵照他們的建議做事，還認爲我們成不成功和他們有關。我們等於是幫自己找到第一個貴人。

如果要舉例，我的前ＭＢＡ學生安傑．普拉多（Angel Prado）幾乎做到完美。安傑ＭＢＡ快畢業時，跑去找主管，替後ＭＢＡ時代鋪路（是公司出錢讓他念書）。他在最後一學期，先拋出沒有明確數字的錨點，也就是給一個範圍。他跑去告訴主管，他畢業後，公司不必再付一年約三萬一的ＭＢＡ學費，那筆錢應該變成他的加薪。

主管沒有答應好或不好，但安傑一直開心地提起這件事，把念頭植入主管心中，定下一個錨。

安傑畢業時，他和主管慎重坐下。安傑用自信、鎮靜的態度，提出與錢無關的要求，讓討論的焦點不是「多少錢？」，而是要求新頭銜。

主管立刻就答應。安傑現在有 MBA 學歷，要換職稱絕對沒問題。

接下來，安傑和主管定義新職稱的角色與責任，定下成功的標準。接著，安傑吸一口氣，靜下來不講話，好讓主管先拋出價碼。過了一陣子，主管提出一個數字。妙的是，那個數字顯示安傑先前定下的錨點發揮了作用：主管提議，讓安傑的底薪加三萬一，幾乎是加薪五成。

然而，安傑不是談判新手，他可是上過我的課。因此，他沒有討價還價，讓自己陷在「多少錢？」的陷阱，而是一直講話，一直標籤主管的情緒，對對方的處境表達同理心（當時安傑的公司，正在和投資人進行棘手談判）。

接下來，安傑彬彬有禮地說，自己要暫停一下，接著跑去把剛才講好的工作職責印出來。這個暫停，讓主管感到最後期限將至的急迫感，安傑拿著印好的文件走回來時，利用那份急迫感，在底下的預期加薪欄寫上：「$134.5K 至 $143K」。

安傑那個小小的動作，綜合了本章數個技巧：首先，有零頭的數字，讓人覺得他的數字經過計算。此外，他開出很高的數字，利用了主管在面對極端錨點時，會想直接選最小數字的人性心理。再來，安傑給的是一段範圍，讓人感覺沒那麼強硬，而且和上限比起來，下限感覺像是合理數字。

從主管的肢體語言——上揚的眉毛——看得出來，他顯然被安傑寫上的加薪幅度嚇了一跳，不過這正中安傑的下懷：主管和安傑討論職責後，殺價成十二萬。

安傑沒說「No」，也沒說「Yes」，而是一直談，一直製造同理心，接著主管在某句話講到一半時，突然天外飛來一筆，拋出「十二萬七」這個數字。主管顯然是自己在和自己談判，於是安傑讓他繼續。最後，主管同意加薪到十三萬四千五，而且看董事會多快同意，三個月內生效。

安傑錦上添花，拋出正面的「公平」炸彈（他告訴主管：「很公平」）。接著，他把這次的加薪塑造成一段婚姻，主管是主婚人。「我是在請您答應這次的升職，而不是請董事會。我只需要徵得您的同意。」他說。

安傑的主管如何回應自己的新大使任務？

「我會幫你爭取到這個數字。」

把安傑當成榜樣，讓鈔票像天女散花一樣落下吧！

■本章重點回顧

相較於前幾章的工具，本章的技巧似乎比較具體，比較簡單。不過，許多人不願意用，因爲感覺好像在操控別人。扭曲另一方眼中的現實，聽起來不是什麼正派的事，對吧？

讓我告訴各位，最頂尖的談判人員都用這些工具的理由，在於這些工具配合人類心理。我們是情緒化、不理性的動物，我們以可預測、充滿模式的方式，表現出情緒化又不理性的行爲。利用這點只不過是，該怎麼說呢，合乎邏輯。

各位在日常生活中運用本章工具時，不要忘了幾個重點：

■所有的談判，都由檯面下錯綜複雜的欲望與需求組成，別被表象愚弄。一旦知道海地綁匪只需要開派對的錢，就更知道該怎麼談判。

■各退一步，就像是一腳穿黑鞋、一腳穿棕鞋，因此別妥協。折衷通常只會爲雙方都帶來最糟的結果。

■即將來臨的最後期限會引誘人們匆忙談判，衝動行事，做出違反自身最佳利益的事。

■人們常利用「公平」這個情緒性字眼，讓另一方忙著替自己辯護，做出讓步。談判對手對你扔出公平炸彈時，不要中招，眞的讓步，而要請對方解釋，你到底哪裡對他們不好。

■我們可以靠著定錨始點，扭曲另一方眼中的現實。提出條件之前，先拋出情緒錨點，告訴他們那個條件會有多糟。談數字時，先設極端錨點，讓「眞正」的出價感覺很合理，或是靠著給一段範圍，顯得不那麼咄咄逼人。任何事物眞正的價值，都要看是從哪個角度而言。

■ 相較於得到東西，人類會爲了避免損失，甘願冒更大風險。一定要讓另一方覺得不行動會有損失。

第7章 營造把主控權交給對方的氛圍

施林事件在二〇〇一年五月落幕。一個月後，總部又要我回馬尼拉，因爲綁架施林的激進伊斯蘭暴力團體阿布沙耶夫，襲擊朵絲帕瑪斯（Dos Palmas）的私人潛水度假村，帶走二十名人質，其中有三名美國人：來自堪薩斯州威奇托（Wichita）的傳教士夫婦馬汀與葛雷希亞・伯罕（Martin and Gracia Burnham），以及加州防漏公司老闆吉勒摩・索貝羅（Guillermo Sobero）。

朵絲帕瑪斯從一開始，就是談判人員的噩夢。綁架案隔天，剛當選的菲律賓總統艾若育（Gloria Macapagal-Arroyo）就營造出最挑釁、最不具建設性的氣氛，公開宣布對阿布沙耶夫「全面開戰」。

不是很具同理心的發言，對吧？

情勢雪上加霜。

談判談到一半，菲律賓的陸軍與海軍發生地盤之爭，進行了幾次笨手笨腳的突襲，惹惱綁匪。此外，由於人質中有美國人，CIA、FBI與美國軍事情報單位全被找去，美國自己也吵吵鬧鬧。接下來，綁匪強暴與殺害數名人質，緊接著發生九一一事件，據說阿布沙耶夫與蓋達組織（Al Qaeda）有關。

二〇〇二年六月，危機在一團混亂的掃射中結束，朵絲帕瑪斯正式成為我職業生涯中最大的污點，說是「慘敗」，已經是客氣講法。

不過，失敗為成功之母，我們在菲律賓的失敗也一樣。

朵絲帕瑪斯最大的啓示，就是FBI依舊誤以為談判是摔角比賽，一方要耗盡另一方的力氣，直到對方投降之前，永不放棄，剩下的則交給老天爺。

令人沮喪的朵絲帕瑪斯事件，讓我不得不思考，我們的談判技巧為什麼失敗。我深入研究最新的談判理論——有的很精彩，有的胡說八道——接著我在匹茲堡偶然聽見一個案子，對於談判對話中的人際互動就此改觀。

我們在朵絲帕瑪斯的廢墟上，學到永遠改變ＦＢＩ人質談判法的一課，發現談判其實是諄諄善誘，不是制伏；是包容，不是打敗。更重要的是，我們學到成功的談判，其實是讓另一方主動提出我們要的解決方案。談判是在讓另一方誤以為掌控權在他們手上，但其實由我們主導談話方向。

我把我們研發出來的工具稱為「校準型問題」，也稱為「開放性問題」。這類型的問題，可以靠坦然承認另一方的處境，消除對話中的敵意，還能以聽起來不咄咄逼人的方式，提出主張與要求，推動談判。

後文我會再詳細解釋，不過這裡先簡單講一下，所謂的校準型問題，就是把「不准走」這一類的話，去除話中的敵意，並且改成問句。

「你離開是為了做什麼？」

不要試圖在火併時談判

我為了伯罕與索貝羅人質案，抵達馬尼拉，接著立刻被送到民答那峨島區（Mindanao）。阿布沙耶夫帶著人質躲在當地一間醫院，菲律賓軍方正在用子彈和火箭砲轟炸那棟建築。

現場容不下談判人員，因爲不可能在火併之中對話，接著事情雪上加霜，隔天早上醒來時，傳來歹徒一夜之間帶著人質逃跑的消息。

這場「逃跑」是第一個徵兆，這次的行動將是一場大災難，菲律賓軍方並非值得信賴的夥伴。

我們問究竟是怎麼回事後，發現停火時，軍方某個人員從躲在醫院內的歹徒那，拿到一個手提箱，不久後，鎮守在醫院後方的士兵，全員被叫去「開會」。不曉得是湊巧還是不湊巧，剛好歹徒就選在那時溜之大吉。

兩週後，在菲律賓獨立日，事情一發不可收拾。沙巴亞宣布，政府必須在中午之前停止搜捕他們，否則他會砍下「其中一個白人」的頭。我們知道那代表美國人會遭殃，那個人大概會是索貝羅。

當時，我們無法直接聯繫綁匪，因爲菲律賓軍方派來的中間人，永遠「忘記」通知我們，他們要和綁匪通電話，然後也「忘了」要錄下對話。我們什麼都做不了，只能寄簡訊約時間見面。

中午期限快到之前，沙巴亞與菲律賓一名總統閣員，在電台談話性節目上對談，政府讓步，請一名馬來參議員斡旋。沙巴亞同意不殺人質。

然而，對峙、不信任與謊言的氛圍，已經來不及修補。那天下午，人質聽見沙巴亞在電話上大吼：「但那是協議的一部分！那是協議的一部分！」不久後，沙巴亞砍下索貝羅的頭，接著又多擄走十五名人質。

事件的重要發展，幾乎完全不受我們掌控，再加上雖然索貝羅被殺，美國本土基本上對這起事件不感興趣，我留在菲律賓似乎也使不上力，於是便回到華盛頓特區。

接著九一一事件改變了一切。

原本只是小型恐怖團體的阿布沙耶夫，突然間與蓋達組織扯上關係，接著菲律賓電視記者雅琳．克魯茲（Arlyn dela Cruz）進入阿布沙耶夫營地，拍下沙巴亞嘲弄馬汀與葛雷希亞．伯罕這對美國傳教士夫婦的影片。伯罕夫婦全身皮包骨，看起來像集中營的倖存者，在美國新聞媒體上引發軒然大波，突然間這起綁架案又躋身成美國政府的第一要務。

另一方永遠有另一組人馬

ＦＢＩ派我回菲律賓，這次的任務是一定要談成條件，而且所有人都在關注這件事。內線消息告訴我，ＦＢＩ局長勞勃・穆勒（Robert Mueller）每天早上親自向小布希總統（George W. Bush）報告進度。穆勒局長出現在馬尼拉的美國大使館時，我被介紹給他，他臉上出現「就是你啊」的表情，令我受寵若驚。

然而，如果盟友烏煙瘴氣，有老闆再多的支持也沒用。倘若和你接頭的人，根本沒傳達你的努力，沒告訴他的團隊你講了什麼，你只能向上帝禱告，而禱告算不上策略。

有一件我根本不知道的事，就是綁匪換掉原本負責談判的沙巴亞。先前發生另一起綁票案時，我的上司內斯納告訴過我，另一方如果陣前換將，幾乎百分百代表他們要改採更強硬的態度。而我並不知道，沙巴亞被換掉後，準備破壞談判。

當時，我們的新方向是用錢買回伯罕夫婦，不過美國政府不會以官方名義支付贖金，而是由某個願意交付三十萬美元的捐贈者出面。阿布沙耶夫的新任談判者同意放人。

交贖金的事，弄得一場糊塗。綁匪最後決定不放伯罕夫婦，也或者是負責看管人質的沙巴亞不肯放人。沙巴亞私自與我們不知道的第三方談好交易，接著那場交易又破局。新的綁匪談判人員惱羞成怒，爲了替自己找藉口，說什麼我們的贖金少了六百元。我們愣住——「少了六百？你們爲了六百塊，不肯放人質？」——我們試圖解釋，如果錢短少，一定是負責取錢的人手腳不乾淨。然而我們雙方缺乏互信與合作，什麼道理都講不通，三十萬美元就這樣被丟進水裡，又回到只能寄很少有回音的簡訊。

大約兩個月後，這齣以慢動作進行的災難，在一場亂七八糟的「拯救行動」中，爆發最大悲劇。菲律賓的偵查特種部隊（Scout Ranger）走在林中時，碰巧就走到阿布沙耶夫的營地——至少他們是那麼說的。我們後來聽說，是「其他政府部門」告知特種部隊歹徒所在地，而那個部門之所以沒告訴我們，是因爲……因爲……什麼？我一輩子都聽不懂那個解釋。

偵查特種部隊在歹徒營地上方，沿樹林線排好隊伍，接著不管三七二十一，胡亂掃射一通。槍林彈雨之中，伯罕夫婦正在吊床上午睡，他們掉下吊床，滾下山丘，爬向安全地點。然而要拯救他們的人，對他們猛開槍。葛雷希亞左腿一陣刺痛，接著感覺到先生身體一軟。

幾分鐘後，在剩下的歹徒都逃跑後，菲律賓士兵試圖安撫葛雷希亞，說她丈夫沒事，但她搖頭。一年的俘虜生活，讓她不抱幻想，她知道先生已經離開人世。葛雷希亞的預感是對的：馬汀被「友軍」的子彈整整打中胸膛三次。

最後，所謂的救援行動，害死當天現場三分之二的人質（菲律賓護士伊蒂博拉．雅普〔Ediborah Yap〕也死於非命），關鍵人物沙巴亞則逃之夭夭，後來又多活了幾個月。從開始一直到結束，這場爲時十三個月的任務澈底失敗，浪費人命，浪費金錢。幾天後，我坐在昏暗家中，垂頭喪氣，知道得做出改變，不能再讓這種事發生。

要讓這次的人質死得有意義，就得找出新的談判、溝通、聆聽與發言方式，不管另一方是敵是友都一樣，不過不是爲了交流。

而是爲了出奇制勝。

避免攤牌

回到美國後，我不得不開始反省。我質疑——甚至不相信——FBI的部分做法。如果我們懂的還不夠多，就得想辦法改善。

我回顧這次慘敗的細節，像是被打巴掌後發現，我們現場沒收到的資訊太多了，其中一件事嚇了我一大跳。

馬汀．伯罕曾經被竊聽到和某個人講電話。怎麼會我們的人質和別人通電話，我們卻一無所知？他跟誰講話？人質會講電話只有一個原因：歹徒要證明人質還活著。可見還有別人也想贖出伯罕夫婦。

事情的眞相原來是，某個菲律賓政客偷偷摸摸背著我們談判，也想用錢贖走伯罕夫婦，好在艾若育總統面前邀功。

然而我無法接受的原因，不是這個人背著我們談判，因爲顯然私底下有太多事在進行。眞正讓我生氣的是，這個不是FBI訓練出來的人，居然做到我沒做到的事。

他讓馬汀・伯罕的聲音出現在電話上，而且是免費的。那個政客成功做到、ＦＢＩ卻沒做到的事，象徵著ＦＢＩ自我中心的心態出錯的每一件事。

我們除了沒能與菲律賓軍方好好合作，也無法有效影響綁匪與人質的重要原因，在於我們「禮尚往來」的心態。我們認爲，要是打電話給歹徒要求一件事，而歹徒也答應了，我們得還他們些什麼。就因爲這樣，由於我們確信伯罕夫婦還活著，所以從未想到打電話要求證明人質還活著。我們怕欠歹徒一次人情。

如果我們「要求」一件事，歹徒答應了，我們就欠他們一次。不還這份人情，就會被指控我們在騙人，歹徒不信任我們的時候，人質會丟掉性命。

此外，當然我們不會要求綁匪讓我們直接和人質講話，因爲我們知道歹徒會說「No」，我們怕丟臉。

害怕丟臉是ＦＢＩ談判心態的重大弱點，有些資訊，只有在直接和另一方不斷互動的過程中，才可能得到。

此外，我們得找出新方法，讓我們不必開口要求，也能得到東西。我們得想出聰明的包裝方式，讓我們的「要求」，不會是歹徒可以用「Yes」或「No」就能回答的封閉式問題。

就那樣，我想通了。我們先前做的事不是溝通，而是口頭的角力。我們想讓對方照我們的方式看事情，他們也想讓我們照他們的方式看事情。那一套搬到真實世界，結果就是談判破局，情勢升溫。FBI所做的每一件事都是那樣，都在攤牌，那樣不行。

從我們如何問人質是否還活著，就看得出一切問題的癥結。

當時，我們如果要證明人質的生死，會問只有人質才知道答案的問題，很像網站的安全提示問題，例如：「馬汀養的第一隻狗叫什麼名字？」或是「馬汀父親的中間名是什麼？」

然而，這類型的問題有很多缺點。缺點之一，就是綁匪知道執法機關會問這種問題。如果家屬開始問這種問題，幾乎可以肯定背後有警察在指點，綁匪便會神經緊繃。

這類型的問句除了讓綁匪焦慮，另一個缺點則是要回答這種問題太簡單，幾乎不費吹灰之力。歹徒只需要問一下人質，馬上就能告訴你答案，太簡單了，砰！砰！砰！砰！一切發生在迅雷不及掩耳之中，你不會得到任何戰略優勢，也不會得到任何有用資訊，歹徒做的事，對你來說不會有好處，不管是什麼類型的談判，正確的談判應該是一個蒐集資訊的過程，讓對方做出對你有利的事。

更糟糕的是，這下子歹徒給了你東西——人質活著的證明——而這會引發人類要求互惠的天性。我們或許沒發現，然而不管是什麼文化，人類的共通天性，就是有人給你東西，他們就會期待回報，在你報答之前，他們不會再給其他東西。

FBI不想開啓一連串的你給我什麼、我也給你什麼，因爲我們什麼都不想給。結果發生什麼事？所有的對話都變成僵持不下的對峙，雙方都想從對方那得到東西，但不願意付出。我們出於自尊與恐懼，才會無法溝通。

就這樣，ＦＢＩ失敗，那個搞小動作的菲律賓政客，卻誤打誤撞得到我們太想要的東西，也就是不需要互惠的溝通。我坐在椅子上問自己，我們究竟得怎麼做，才能辦到那種事？

姑且信之

我想破了頭，不懂爲什麼糟糕政客可以和馬汀·伯罕通話，我們卻從頭到尾沒辦法。就在此時，匹茲堡的ＦＢＩ接到一起綁架案。

我的夥伴查克給我聽案子的錄音，因爲他覺得很好笑。事情是這樣的，匹茲堡某個毒販綁架了另一名毒販的女友。不曉得女友被綁走的毒販在想什麼，居然向ＦＢＩ求助。他是毒販，找上ＦＢＩ顯然違反自己的最佳利益，不過他還是找上門來，因爲不管你是誰，民衆需要協助時，就會找ＦＢＩ，對吧？

錄音上，我們的人質談判人員和女友被綁走的毒販開著車，由那個人和綁匪談判。一般而言，我們會讓當事人問人質還活著的鐵證，例如：「女友小時候的泰迪熊叫什麼名字？」然而這一次，我們還沒來得及教毒販問「正確」問題，電話講到一半，他竟脫口而出：「嘿，老兄，我怎麼知道她毫髮無傷？」

接著發生最好笑的事。綁匪安靜了十秒鐘，完全沒料到對方會那樣問，接著口氣不再那麼兇，說：「唔，那我讓她聽電話。」我呆住不能動，因爲頭腦簡單的毒販，剛剛取得驚人的談判勝利，居然讓綁匪自願讓人質聽電話，太了不起了。

我大叫：「媽的！」那就是我一直在找的談判技巧。女友被綁走的毒販，沒問只有一個正確答案的封閉性問題，而是問了開放性問題，不過問題精準到迫使對方停下來不講話，還認眞想該如何解決這個問題。我心想，太完美了！這是個自然又正常的問題，而不是要求對方提供事實。這是個「HOW」（要……怎麼辦）問題，而「HOW」問題能讓另一方參與在內，因爲「HOW」是在請求協助。

最棒的是，女友被綁走的毒販不欠綁匪任何事，是綁匪自願讓女友聽電話：他覺得那是他的主意。主動讓女友聽電話的綁匪，認爲主控權在自己手上，而在談判中取得上風的訣竅，就是給另一方他是老大的假象。

心理學家凱文·達頓（Kevin Dutton）在《瞬間說服》（*Split-Second Persuasion*）[1]一書中，完美解釋這種方法的聰明之處。達頓提到「不信」（unbelief）現象，「不信」會造成一方完全抗拒另一方所說的話，一個字也不相信，而通常談判開始的時候，雙方正是處於這種狀態。

如果無法化解雙方的不信任，最後會導致攤牌，雙方都想把自己的觀點強加在對方身上，硬碰硬，就像朵絲帕瑪斯的人質案一樣。然而，如果能讓另一方放下自己的不相信，**就能慢慢讓對方採取你的觀點**，就像毒販的問題，讓綁匪自願做他想要的事。我們不需要直接說服對方，要求對方明白我們在說什麼，而是順勢引導對方。俗話說的好，騎馬的最佳方式，就是騎向馬跑的方向。

說服他人其實比想像中容易。說服的重點，不是讓別人相信我們說的話，只需要讓他們「停止不相信」就可以。一旦做到，就成功一半。達頓說：「『不信』是造成勸說無法發生效果的摩擦。少了『不信』，就有無限可能。」

靠著問「校準型問題」——請對方協助——給了另一方主導權在他們手上

的假象，是讓對方「姑且信之」最強大的工具。不久前，我在《紐約時報》（*New York Times*）讀到某醫學院學生寫的好文章[2]。一名病患自行拔掉點滴，收拾行李，準備負氣離開醫院，因爲他等了好多天，一直等不到切片檢查結果，不想再耗下去。

此時，一名資深醫生出現，冷靜地給這名病患一杯水，問兩個人能不能聊個一分鐘。醫生說，自己了解爲什麼他氣壞了，還答應打電話問實驗室，爲什麼結果還沒出來。

不過，眞正讓那名病患不再不信任的舉動，是醫生接下來做的事：醫生問了「校準型問題」——爲什麼那名病患這麼想走——病患回答，他有事要處理，於是醫生說，要找人幫他做那件事。突然間，病患自願留下。

資深醫生這一招高明的地方，在於靠著問問題，把原本的攤牌——「我要走了」vs「你不能走」——變成引導病患靠著醫生想要的方式，解決自己的問題。

當然，這依舊是一種攤牌，不過醫生靠著讓病患覺得主導權在自己手上，去掉對話中的對峙與虛張聲勢。《華盛頓郵報》（*Washington Post*）資深編輯羅伯特・伊斯塔布魯克（Robert Estabrook）講過一句話：「最寶貴的談判祕訣，就是知道如何不傷感情地不同意對方。」

能讓綁匪與想要離院的病患「姑且信之」的技巧，任何情境都適用，甚至可以用來談價格。各位去店裡買東西時，不要告訴店員你「需要」什麼，而是形容你在找什麼，並請店員提供建議。

接下來，選定你要的東西後，不要出一個很硬的價格，而是告訴對方，定價有點超出預算，接下來靠著問史上最強大的「校準型問題」，請店員提供協助：「我怎麼樣才能做到那件事？」這一招的關鍵，在於真心請對方協助，而且說話的方式一定要強調那點。使用這種談判方法時，是在請店員提供建議，讓他們覺得主控權在自己手上，而不是強迫他們。

參與談話後，用前述方式請求協助，將可神奇地將硬碰硬的攤牌，變成雙方合作解決問題，「校準型問題」是最好的助手。

校準你的問題

幾年前，我輔導某家提供大型企業公關服務的小公司老闆。大企業一直沒付錢，時間一天天過去，累積起來，我的客戶被愈欠愈多錢，但對方又說，以後有很多案子要交給她，暗示如果繼續接他們家的工作，以後就不用愁了。我的客戶爲此覺得被困住。

我給她的建議很簡單：讓大公司參與對話，摘要情形，接著問：「我怎麼有辦法那樣做？」

我客戶搖頭。不行！想到要問問題，就讓她覺得很恐怖，告訴我：「萬一他們說我得自己想辦法，我就卡住了！」

此外，我客戶覺得，那個問題是在說：「你們讓我一直拿不到錢，這種事得停止。」那聽起來是踢開客戶的好方法。

我向她解釋，雖然言外之意的確是這個意思，但那是她自己想的。只要她保持冷靜，不要聽起來像是在指控或威脅，客戶只會聽到表面上的問題，不會聽見言外之意。只要她保持冷靜，對方便會聽見一個得解決的問題。

我客戶不是很相信我的說法。我們把劇本走過幾遍，她依舊很害怕，不過幾天後，她興奮地打電話給我，說大公司打電話過去，又叫她接一個案子，這次她終於有勇氣摘要情況，接著問：「我怎麼有辦法那樣做？」

你猜怎麼樣？對方回她：「妳說的沒錯，妳沒辦法，我道歉。」客戶解釋，他們內部有些問題，不過又請我客戶接一個新案子，還說四十八小時內會付清先前的欠款，結果眞的沒有食言。

我客戶問的那個問題成功的原因如下：她沒有指控對方任何事，而是靠著問問題讓大公司了解她碰上的難題，並且提供她想要的解決辦法。那就是瞄準特定效果的開放性問題的精髓。

瞄準型的開放性問題，道理如同「或許」、「也許」、「我想」、「似乎」等軟化語氣的字詞，可以弱化「對質」或「封閉型問題」的強硬語氣，避免激怒另一方。這類型的問題有用的原因，在於它們傳達的意思不是僵固的，全看另一方如何詮釋。這類型的問題讓我們有機會提出看法與要求，但又不會聽起來太傲慢或太堅持己見。

「你們讓我一直拿不到錢，這種事得停止」與「我怎麼有辦法那樣做？」兩句話的差別就在這。

校準型問題的好處，就在於這類問題和陳述不一樣，對方沒有攻擊的對象。校準型問題可以讓另一方得知問題所在，但不直接告訴對方問題是什麼，以避開衝突。

不過，校準型問題並非請對方提供意見的隨機要求。它們有方向：一旦你知道希望得出什麼樣的對話走向，就能設計把談話推往那個方向的問題，但又讓另一方認爲，是他們自己要帶你去那裡。

那就是爲什麼我取**校準型**問題這個名字。你得小心校準，就像校準槍枝的準星或測重量的秤，以求瞄準特定問題。

好消息是這類問題有規則可循。

首先，校準型問題避開了「能不能」、「是否」、「是不是」等字詞，不問可以用簡單的「Yes」或「No」回答的封閉型問題，改問用「who」（誰？）、「what」

（什麼？）、「when」（何時？）、「where」（何地！）、「how」（如何？）開頭的記者型問題，鼓勵另一方思考，提出有無限可能的答案。

不過，我還要進一步縮減名單：最好問用「what」與「how」開頭的問題，另外偶爾可以問「why」。就這樣。如果問「who」、「when」、「where」，對方很容易不加思索就回答簡單事實。此外，問「why」可能有副作用。不論把「why」翻譯成什麼語言，聽起來都像在指控。問「why」很少是好事。

唯一能問「why」的時機，就是當這個字激起的防衛心態，將導向你試圖讓對方接受的改變，例如：「爲什麼（why）你要改變一向的做事方法，改採我的做法？」或「爲什麼（why）你的公司要換長期供應商，改選擇我們公司？」此時不要忘了，使用尊重與恭敬的講話語氣非常重要。

除了上述情形，平常請把「why」問句當成燒燙的爐子——別碰。只能靠「what」與「how」開頭的問題，聽起來很少，不過相信我，「what」與「how」幾乎可以校準所有問題。「這看起來像是你會喜歡的東西嗎？」可以變成「你覺得看起來如何（how）？」或「這件事什麼地方（what）對你來說可行？」

甚至可以問：「這件事什麼地方（what）對你來說不可行？」此時你大概能引導對方提供許多有用訊息。

就連語氣嚴厲的「你爲什麼(why)要做這種事？」也能校準成「是什麼(What)造成你做這件事？」抽掉情緒，讓問題聽起來不那麼像是在指控對方。

各位在談判時，應該趁早多加提出校準型問題。某些問題一開始就要問，例如：「你面臨的最大挑戰是什麼（what）？」好讓對方有機會說明自己的情形。這點在談判中很關鍵，因爲所有的談判都是一種蒐集資訊的過程。

接下來是我幾乎每次上場談判都會預備的有用問題，可以視情況運用：

■這件事哪些方面對你來說很重要？
■我怎麼樣能讓這件事對你我來說變得更好？
■你希望我怎麼進行？
■是什麼造成今日的情形？
■我們可以怎麼樣解決這個問題？
■目標是什麼？／我們要努力完成什麼事？

■我怎麼樣才能做到那件事？

好的校準型問題，言下之意是你也想要對方手上的東西，但你需要借重他的智慧來解決問題。這對異常堅持己見、非常自我本位的談判對象來講，十分受用。

校準型問題不只是在委婉要求協助——開啓對方的善意，減少防衛心態——也是在營造一個情境，讓原本頑固的另一方，運用自己的智慧與 EQ 解決**我們**面臨的挑戰。對方開始內化我們的方式，把我們的方式——以及面臨的阻礙——當成自家事，努力想出解決辦法。

給我們的解決辦法。

想一想前文的醫生是如何靠著校準型問題，成功讓病患留下。那則故事告訴我們，如果要讓別人從我們的角度看事情，方法不是質疑他們的看法（「你不能走」），而是公開承認他們的看法有理（「我知道你爲什麼氣壞了」），接著引導他們解決問題（「你離開是爲了做什麼？」）。

如同前文所述，取得談判上風的祕訣，就是讓另一方感到主導權在自己手上。校準型問題妙就妙在這裡：另一方會覺得他們是老大，但框架對話走向的人其實是我們。他們渾然不覺自己被我們的問題綁住。

有一次，我和ＦＢＩ長官商量參加哈佛主管課程的事。長官原本已經同意支付差旅費，然而就在出發前一天，他把我叫進辦公室，開始質疑爲什麼我要去上課。

我了解那位長官，我知道他的質疑，只是想表現出他是老大。因此，我們談了幾分鐘後，我看著他，問他：「您當初批准我去的時候，您的考量是什麼？」

長官明顯放鬆下來，他靠在椅背上，十根手指抵在一起，做出尖塔狀。一般來講，這個肢體語言的意思，是對方覺得自己高人一等，他是老大。

「聽著，」他說，「你回來的時候，要記得向所有人簡報你學到的東西。」

我問的校準型問題，承認主管是老大，請他解釋自己，給他主導權在自己手上的感覺。

那個問題讓我得到我要的東西。

拿「不」到錢的方法

這裡我們先暫停一下，因爲當你準備好校準型問題，預備展開談判時，有一件事千萬要記得。校準型問題會帶來各式各樣的好處，然而難就難在一件事情上：要是無法控制自己的情緒，便不會成功。

我訓練新進談判人員時，第一件事就是告訴他們自控力有多重要。如果你無法控制自己的情緒，你要如何影響他人的情緒？

讓我告訴各位一個故事，各位就懂了。

不久前，某位擔任行銷策略師的自由業者跑來找我，她碰上一個問題，客戶的新執行長錙銖必較，靠事事外包到國外砍成本。此外，那位男性執行長還是沙豬，不喜歡我的女客戶自信的風格。

很快地，我的客戶和執行長在召開電話會議時，開始靠美國企業最近流行的「消極抵抗」針鋒相對。幾週後，我的客戶覺得自己受夠了，請對方付清她最近做的勞務報酬（大約七千美元），並禮貌指出兩方無法再合作。執行長的回答是太貴了，他只會付一半，剩下的再說。

接下來，執行長再也不接電話。

那個執行長不喜歡被任何人質疑，尤其是女人。因此，我和這位女客戶想出一個策略，告訴執行長她知道自己哪裡錯了，承認對方是老大。在此同時，我們要把執行長的注意力引導到解決我客戶的問題。

我們想出的劇本，用上了本書目前爲止提到的最佳談判做法。步驟如後：

一、寄對方會用「No」回答的電子郵件，讓雙方重啓聯絡：「您已經放棄和平解決這件事了嗎？」

二、只能回答「沒錯」、達成協議的陳述：「您似乎認爲我的收費不合理。」

三、靠校準型問題，讓執行長說出自己的想法：「這個收費怎麼違反了我們的協議？」

四、提出更多「No」問題，移除無形障礙：「您的意思是我誤導您？」「您是說我沒照您說的做？」「您是說我違反我們的協議？」「您是說我讓您失望了？」

五、貼標籤與鏡像模仿對方的答案，表現出那些答案不可接受，讓執行長重新考慮自己的答案：「您似乎覺得我做得不夠好」或「……我的工作做得不夠好？」

六、只要對方提供的選項不是全額付款，就用校準型問題回答，請對方提供解決辦法：「我怎麼能接受那個選項？」

七、如果對方還是不肯全額付款，那就貼標籤恭維對方，讓對方覺得他是老大：「您似乎以高超生意手腕自豪——您是對的——您不但擅長把餅做大，還讓公司運轉得更順暢。」

八、長長的停頓，接著再拋一個「No」問題：「您難道想讓大家知道，您是不遵守合約的人？」

依據我的長期談判經驗，這類型的劇本有九成的成功率，不過前提是談判人員得保持冷靜與理性——這是絕對必要的前提。

我的客戶沒辦到。

第一步——寄出神奇電子郵件——效果比我客戶預料的還好，執行長嚇她一跳，十分鐘內就打電話過去。然而，我客戶一聽見對方自以爲是的聲音，心中立刻燃起憤怒火焰，一心一意想證明對方是錯的，故而堅持己見，於是對話變成沒結果的攤牌。

各位大概不需要我說出故事的結局。我客戶連一半的錢都沒拿回來。

這位客戶的例子，讓我想在本章的結尾，建議幾個在談判中保持理性的方法。就算有再好的技巧、再棒的策略，如果想成爲最後的贏家，前提是你得控制自己的情緒。

保持冷靜最基本的第一條原則，就是閉上嘴。當然，不能完全不講話，但你要阻止自己在一時衝動之下，不用大腦就反唇相稽。停下來好好想一想，讓一時的憤怒情緒消散，找回理智，小心自己說出口的話。此外，這麼做也能降低我們透露太多資訊的機率。

日本人在這方面很厲害。日本企業家和外國人談判時，雖然外文能力好到完全知道對方在說什麼，但他們通常會找翻譯，原因是透過譯者說話時，他們便能退居二線，有時間好好思考要如何回應。

另一個簡單的原則，則是別人口頭攻擊我們的時候，不要罵回去，而要問校準型問題，讓對方消氣。下次服務人員或店員想跟你吵的時候，試一試這一招，保證能改變整個談話方向。

基本原則是人們覺得主導權不在自己手上時，他們會出現心理學家所說的「人質心態」（hostage mentality）。發生衝突時，人們如果覺得自己手中缺乏力量，要麼就變得防禦心十足，要麼就表現出兇狠的樣子。

從腦神經學來看，碰上「戰或逃」情境時，蜥蜴腦或邊緣系統（limbic system）中的情緒，將壓過大腦掌管理性的新皮質（neocortex），造成我們反應過度，光靠直覺衝動行事。

在我客戶與執行長那類型的談判，衝動永遠只會帶來負面結果，因此我們得訓練新皮質壓過兩顆大腦的情緒。

也就是說，各位得學著壓下自己的話，把雙方引導到正面心態，靠著問問題，或甚至向對方道歉（「你說的沒錯，這樣講有點過頭」），減少另一方的人質心態。

如果有辦法幫被警方包圍的武裝綁匪，裝上心臟監視器，我們會發現，每一個校準型問題，以及每一句道歉，都會讓綁匪的心跳更和緩一些。我們要靠著這樣的方式，走向能找出解決辦法的互動。

■本章重點回顧

誰掌控著對話，聽的人，還是說的人？

當然是聽的人。

原因是說話的人會透露資訊，聽話的人如果經過好好訓練，將能把對話引導至自己的目標，讓說話的人爲了我們的理想目標努力。

各位試著在日常生活中運用本章技巧時，不要忘了帶上聆聽工具。我們要的不是逼迫對方屈服，而是借力使力，靠對方的力量完成自己的目標。這就是聆聽者的柔道。

我們使出聆聽者的柔道招數時，別忘了以下的事：

■不要試圖強迫對方承認我們是對的，咄咄逼人只會讓談判不具建設性。

■避開能用「Yes」回答或不透露太多資訊的問題。那種類型的問題不加思索就能回答，而且會引發對方要求互利互惠的天性，期待我們也得禮尚往來。

■拋出「How」或「What」的校準型問題，委婉請談判的另一方提供協助，讓對方覺得主控權在自己手上，利用他們想解釋的心理，探知重要資訊。

■除非確定對方會替你想要的目標說話，否則不要問「Why」。不管是什麼語言，「Why」都讓人覺得是一種指控。

■我們問的問題，要能讓對方想解決我們遇上的麻煩，鼓勵他們把力氣花在想出解決之道。

■不要想到什麼講什麼。談判時對方如果攻擊我們，停下來，不要因爲被激怒做出情緒化的回應，此時要做的事是問校準型問題。

■另一方的背後永遠是團隊。如果無法影響不在談判桌上的人，等於處於劣勢。

第8章 保證執行

幾年前，路易西安納州的聖馬丁（St. Martin Parish）發生一起危險又混亂的監獄挾持案。一群囚犯拿著臨時弄來的刀，挾持典獄長與其他監獄工作人員。危機一觸即發，犯人是緊張兮兮的烏合之眾，這種糟糕的組合意味著什麼事都可能發生。

談判人員知道，犯人雖然虛張聲勢，其實並不真的想傷害監獄人員，也知道他們已被逼到角落，希望讓整件事趕緊落幕。

然而，有個問題：犯人害怕要是放走充當人質的矯正人員，就完蛋了，會變得毫無籌碼，更別說是放走典獄長了。

因此，談判人員把兩台無線電對講機交給犯人，設計出詳細的投降方式，讓挾持人質的囚犯走出來，結束這場攻堅。方法很簡單：

犯人讓其中一名犯人帶著對講機走出來，那個人會走過監獄外頭數個單位的執法人員排成的三道防線。走到最後一道防線時，他會上囚車，等著被送進監獄。他在車上的時候，用對講機告訴其他還沒出來的夥伴：「他們沒傷害我」。其他人就知道，可以像他一樣依序一個一個安全走出來。

討價還價後，犯人們同意這個計劃，第一個犯人走出來。一開始很順利，他走過聯邦人員區，接著是霹靂小組區，最後走到最外圍的防線。然而即將上囚車時，某個人看見他的對講機，說：「你拿著那個東西幹嘛？」接著沒收那部對講機後，才把他送進監獄。

還沒出來的囚犯開始驚慌，因爲他們的朋友沒有用對講機聯絡。拿著另一台對講機的犯人，對著談判人員大吼大叫：「他爲什麼沒聯絡？他們傷害他了。我們早就說過了！」犯人開始講要切下人質的手指頭，好讓談判人員知道他們不是吃素的。

這下子換成談判人員驚惶失措了。他們衝向防線，對每一個人大吼大叫，此事攸關生死，至少攸關一根會被切除的指頭。

最後，過了緊張的十五分鐘後，惹出這件事的霹靂小組人員大步走出來，得意洋洋地說：「有個白癡給這傢伙無線電。」接著把對講機交給談判人員，臉上還帶著笑容。談判人員差點撲上去揍死這個人，拿著對講機立刻衝向監獄，要第一個走出來的犯人向夥伴報平安。

危機解除了，但千鈞一髮。

重點是，身爲談判人員的你，你的工作不只是取得協議。你得談出有辦法執行的協議，而且確保協議會被執行。談判人員得擔任「決策建築師」，視情況設計口頭與非口頭的談判元素，不但要取得承諾，還得確保雙方同意的事會被執行。

沒有「How」的話，有「Yes」也沒用。有協議很好，有合約更好，有簽好名的支票最好。有協議不一定會拿到錢，還要看執行結果。綁匪說「Yes，我們達成協議」時，事情還沒成功；要等到被釋放的人質當面感激你，才算大功告成。

本章要告訴各位如何達成協議，並執行協議，而且不只是讓談判桌上的人同意，還得讓「背後」看不到的力量也同意。此外，我還會教大家區分哪些是「眞的接受」，哪些則是「假裝接受」，以及如何靠著「三次法則」確保協議會被執行。

沒有「How」，有「Yes」也沒用

朵絲帕瑪斯危機發生約一年後，我在FBI寬提科學院教書時，局裡接到國務院緊急電話：有美國人在厄瓜多叢林被哥倫比亞叛亂團體綁架。由於我是FBI的首席國際人質談判人員，這件事自然是交給我。我召集團隊，將談判總部設在寬提科。

事情是這樣的，荷西與妻子茱莉有數年時間在哥倫比亞邊界，擔任叢林導遊。荷西生於厄瓜多，後來成爲美國公民，在紐約市擔任救護員，之後又和茱莉決定在母國成立生態旅遊社。荷西熱愛厄瓜多叢林，一直夢想有朝一日能讓

遊客認識林間擺盪的猴子，以及小徑上的芬芳花朵。

夫妻倆的熱情深深吸引著生態遊客，生意蒸蒸日上。二〇〇三年八月二十日，荷西與茱莉帶著十一個人，在湍急的米拉河（Mira River）乘著橡皮艇順流而下。在水上度過美好的一天後，每個人臉上帶著笑容，濕答答地跳上吉普車與卡車，準備抵達位於臨近村莊的旅館。荷西開著前導車在前面帶路，一路上講著故事，茱莉坐在他右邊，腿上是他們十一個月大的孩子。

還有五分鐘就到旅館時，路上突然冒出三個人用槍瞄準卡車，接著第四個人出現，用左輪手槍抵著茱莉的頭。歹徒把荷西拉下駕駛座，要他坐上卡車貨斗，接著命令大家開過幾個小鎮，抵達一條岔路。歹徒在岔路下車，押著荷西走到茱莉旁邊。

茱莉說：「只要記住，不管發生什麼事，我愛你。」

荷西回答：「別擔心，我會沒事的。」

接著荷西與挾持他的歹徒消失在叢林裡。

綁匪要五百萬美元贖金，ＦＢＩ要的則是爭取更多時間。

我自從經歷過朵絲帕瑪斯的大慘敗，以及匹茲堡的靈光一閃，便急著試用校準型問題，因此荷西被綁架時，我派人到厄瓜多，告訴那邊我們有新策略。這次的綁架案，將可測試校準型問題的威力。

我告訴大家：「我們要死守幾句話：『嘿，我們怎麼知道荷西沒事？在我們知道荷西沒事之前，怎麼有辦法付錢？』一直重複就對了。」

雖然大家對於尚未經過測試的技巧感到不安，但我方人員躍躍欲試。當地警方很生氣，因爲他們向來用傳統方法測試人質是否還活著（當初可是ＦＢＩ教他們的）。幸好，茱莉百分之百支持我們，她看出校準型問題可以拖延時間，認爲只要爭取到足夠時間，先生將有辦法自己回家。

綁架案發生後隔天，叛軍把荷西押入哥倫比亞邊境深山，駐紮在叢林內一間小屋。荷西在小屋裡和綁匪建立起友誼，讓綁匪不忍心殺他。他豐富的叢林知識讓綁匪印象深刻，而且身爲空手道黑帶的他，還靠著教綁匪武術打發時間。

我的談判人員等著叛軍和我們聯絡時，每天指導茱莉接下來該如何應對，後來得知綁匪那邊負責出面的人得走路到城鎮，靠電話談判。

我的人告訴茱莉，不管綁匪要求什麼，都要用問題回答。我的策略是要和綁匪談，但要讓他們摸不著頭腦。

茱莉第一次和綁匪通話時問：「我怎麼知道荷西還活著？」

綁匪要求五百萬美元時，茱莉說：「我們沒那麼多錢。怎麼可能籌得出那麼多錢？」

下次雙方通話時，茱莉又問：「我們知道荷西安然無恙之前，怎麼有辦法付你半毛錢？」

問題，永遠拋出問題。

負責與茱莉談判的綁匪，似乎對於她不停問問題感到困惑，一直說自己需要時間想一想。所有的事都被拖住，但綁匪不曾對茱莉動怒。回答問題讓他誤以爲自己主導著談判。

茱莉靠著不停問問題，以及開出很低的價，成功讓贖金降至一萬六千五。殺到那個價格時，綁匪要求立刻給錢。

茱莉問：「這下子我得賣掉所有車才行，怎麼有辦法交贖金？」

永遠多爭取一點時間。

勝利在望，已經非常接近茱莉一家人付得起的贖金，我們露出笑容。

接著在半夜，我接到部署在厄瓜多的凱文．羅斯特（Kevin Rust）的電話。凱文是很優秀的談判人員，不過一年前是他通知我馬汀．伯罕被殺的消息，聽見他的聲音讓我胃緊縮了起來。

「我們剛才接到荷西的電話，」凱文說，「他依舊在游擊隊的地盤，但逃出來了，人在巴士上，他出來了。」

我過了整整三十秒，才有辦法回應，終於有辦法出聲時，只說得出：「媽的！真是好消息！」

我們後來得知，在不斷的拖延與發問之中，部分游擊隊員開始脫隊，沒再回去。很快地，只剩一名青少年晚上守著荷西。一天晚上，下起傾盆大雨，荷西找到空檔。大雨一直敲打鐵皮屋頂，蓋住所有聲音，唯一的守衛又在睡覺。荷西知道，外頭的濕葉子將吸走腳步聲，他爬到窗外，奔向叢林裡一條泥土路，一路跑到小鎮。

兩天後，他回到茱莉與孩子身邊，趕上幾天後女兒的一歲生日。

茱莉說的沒錯：只要爭取到足夠時間，荷西有辦法自己回家。

問「How」的校準型問題，絕對能讓談判持續下去。這類型的問題會迫使另一方想出答案，並在提出要求時，考量到我們的苦衷。

問了正確又夠多的「How」問題之後，我們將有辦法讀懂談判情勢，還能加以影響，最後得到想聽的答案。唯一的前提是思考要問什麼問題時，我們得知道自己想把對話引導至哪個方向。

「How」問題的妙處，在於正確運用時，那是一種溫和有禮的說「No」法，引導談判的另一方想出更好的解決之道——幫我們解決問題的方法。和善的 How/No 可以邀請對方合作，讓對方覺得受到尊重。

讓我們來回顧一下，哥倫比亞叛軍綁匪首度提出要求時，茱莉做了哪些事。

茱莉問：「我們怎麼有辦法籌到那麼多錢？」

注意到了嗎？她沒說「No」，但依舊漂亮地拒絕了綁匪的五百萬贖金要求。

各位最常與最先使用的「No」問題，將和茱莉一樣，是問對方某種版本的「我怎麼有辦法那樣做？」（例如：「我們怎麼有辦法籌到那麼多錢？」）。拋出這句話時，說話的語氣非常重要，對方可能覺得聽起來像指控，也可能覺得你在請他幫忙，因此千萬要注意自己的語氣。

「No」問題一般會帶來正面效果，讓對方好好想一想我們的處境。我稱這種正面互動為「強制同理心」（forced empathy）。如果你原本就對另一方抱持同理心，這一招會特別管用，可開啓人類互惠的心理，讓他們替你做一件事。自從荷西被綁架，每次綁匪要求贖金，我們主要的回應都是：「我怎麼有辦法那樣做？」而且從未產生副作用。

有一次，我和會計顧問凱莉合作，她的某個企業客戶欠她很多費用，但她依舊幫那個客戶做事，因為她覺得這是在培養有用人脈，而且對方答應未來某一天會付錢的時候，聽起來很有誠意。

然而，那個客戶一直欠、一直欠，凱莉自己都沒錢付帳單了，於是不得不解決對方不給錢的事。凱莉沒辦法只知道大約什麼時候會拿到錢，就繼續替對方工作。然而她又擔心如果逼得太緊，一毛錢都收不回來。

我要凱莉等，等到客戶又要她接更多工作，因為如果直接強硬要求對方立刻付款，對方一旦拒絕，她將處於弱勢。

幸好，客戶很快又打電話給凱莉，給她新工作。這一次客戶說完要求後，凱莉冷靜地問「How」問題：

「我很願意幫忙，」她告訴對方，「但我怎麼有辦法那樣做？」

凱莉說自己願意接工作，但請對方幫她找出繼續接工作的方法，欠錢不還的客戶別無選擇，只能把她的需求當成首要之務。

接著凱莉拿到錢了。

問「How」除了可以間接說「No」，還能迫使另一方考慮並解釋要如何執行協議。沒被好好執行的協議，就只是空話。執行不力是吃掉利潤的癌細胞。

各位靠著小心翼翼校準的「How」問題，讓另一方用自己的話說明該如何執行時，對方會認爲，最終的解決辦法是**他們自己的**主意。那點十分關鍵。人們覺得是自己的主意時，永遠會花更多力氣執行解決方案。人性就是那樣。那就是爲什麼談判常被稱爲「讓別人照你的方式做事的藝術」。

各位可以問兩個關鍵問題，讓另一方認爲，他們是以**自己的**方式定義成功：「我們怎麼知道一切順利？」與「萬一事情出錯，要如何解決？」對方回答時，摘要他們的答案，直到得出「沒錯」兩個字。此時我們知道他們接受了。

反過來講，有兩個明顯的徵兆要小心，那代表另一方**不**認爲那是自己的主意。前文提過，如果對方說：「**你是對的**」，通常代表他們並不是眞心同意你們在討論的事。此外，你要求另一方履行協議時，如果他們說：「我試試看」，你應該覺得大事不妙，因爲那句話眞正的意思是：「我打算失敗」。

各位聽到那兩句話的時候，應該靠著「How」的校準型問題，重新與對方交涉，直到他們用自己的話，定義出什麼叫成功的執行。接著，摘要對方所說的話，直到對方說出「沒錯」。

我們要做的事，就是讓對方覺得自己勝利了，一切都是自己的主意。請放下自尊心，不要忘了沒有「How」的話，有「Yes」也沒用。因此，請一直問「How」問題，接著享受勝利的果實。

影響幕後黑手

荷西回到美國幾週後，我開車到他紐約上州的家。

我很開心荷西逃出來，但一直感到不安：我的新策略是不是失敗了？荷西的確是安全返家，但不是因爲我們談判之後，讓綁匪釋放他。我擔心這次的勝利，不是因爲運用了傑出策略，而只是走運罷了。

茱莉和她的父母熱情迎接我，我和荷西端著咖啡坐下來。我到他們家，爲的是做 FBI 危機談判組的「人質存活情況了解」（hostage survival debriefing）。我想知道，可能碰上綁架的人士，以後可以提供他們什麼樣的建議，增加存活機會，而且不只是身體不受傷害，連心理也不會受創。我很想知道，這次的綁票案究竟發生什麼事，因爲我的新策略似乎沒發揮效果。

最後，我和荷西終於聊到校準型問題。

「你知道嗎？」荷西說，「最瘋狂的事，就是代表綁匪談判的那個人，原本應該留在鎮上談判，但因爲茱莉一直問他問題，他實在不確定要怎麼回答，於是一直跑回叢林。綁匪聚在一起，熱烈討論該如何回應。他們甚至想過帶我到鎮上，讓我聽電話，因爲茱莉一直堅持問，她怎麼能確定我沒事。」

荷西的那段話，讓我知道我們找到正確工具了，這次正好與伯罕案相反。發生伯罕案時，我們這一方的談判人員，與其中一名歹徒達成協議，但其餘歹徒拿走三十萬贖金後說：「不，我們沒有要放人。」荷西的案子則不同。我們讓歹徒想破了頭，迫使他們內部爲了我們的目標團結，以前不曾有這樣的例子。

我們在厄瓜多的談判策略之所以成功，是因爲我們問的問題，除了帶來了讓荷西能逃脫的情境，也因爲那些問題讓綁匪——談判的另一方——不得不意見一致。

的確，綁匪很少獨自犯案，企業的談判人員也很少單獨談條件。不過一般來講，除了出面談判的人，永遠會有其他相關人士造成協議成交或破局。如果想讓對方說「Yes」，而且真的執行協議，還得找出影響幕後人士的方法。

如果是由委員會執行，委員會的支持是關鍵。永遠得挖掘委員會的動機，就算無法掌握委員會的所有成員也一樣。方法很簡單，我們可以問校準型問題，例如：「這件事會如何影響您其餘的團隊成員？」或「未出席此次會議的成員，他們多支持這件事？」或是簡單的「您的同事認為，這方面的主要挑戰是什麼？」

我想說的是，不管碰上什麼類型的談判，都得全面分析談判將影響的層面。

受談判內容影響的人士，將在日後施力，行使自己的權利或權力，因此只考量出面談判人士的利益，實在不太明智。我們得小心「不在談判桌上的人」或「第二層的」相關人員——也就是不直接相關、但可以按照自己的意思執行或阻礙協議內容的人。就算你直接和執行長談，也不能不顧及幕後的人，永遠會有人在執行長耳邊講悄悄話，這些程咬金常比敲定談判的人重要。

回想一下前文的監獄事件：一顆沒搞清楚狀況的小螺絲釘，差點毀了整件事。相較之下，ＦＢＩ在厄瓜多使用校準型問題，則避免歹徒意見分歧，讓荷西的綁架案變成成功的全壘打。

一個不重要的次要人物，就可能毀掉整樁交易。

我剛開始在民間執業時，有一次忘記評估與影響「談判桌後方」看不見的談判，結果摔了一大跤。

那一次，我的公司和佛羅里達一間大企業已經談妥，對方想請我們訓練某個部門的談判技巧。我們在電話上，與那間大企業的執行長與人資長談過好幾次，他們兩個人興致勃勃，我們這一方大喜過望，太棒了，這個利潤豐厚的案子，得到高層決策者全力支持。

然而，就在敲定合約最後細節時，事情吹了。

預定接受訓練的部門主管封殺這件事。或許那個人覺得被威脅、被冒犯，或是不知怎麼地，他覺得自己和下屬「需要」受訓這件事是污辱（談判有驚人的高比例與錢無關，而與自尊、地位及其他金錢外的需求有關）。究竟眞相是什麼，我們永遠不會知道。

重點是，我的公司一直到爲時已晚之前，都沒留意到這件事，因爲我們以爲自己在電話上交談的對象，是唯一重要的決策者。

我們當時要是問幾個校準型問題，就能避免這種失誤，例如：這件事如何影響其他每個人？團隊其他人多支持這件事？我們如何才能教正確的人正確教材？如何能確保我們要訓練的經理完全支持這件事？

我們當時要是問了那一類的問題，執行長與人資長將向部門主管確認，甚至請他加入對話，不會搞得大家最後很尷尬。

揪出騙子，解決混蛋，用魅力贏得每一個人的心

談判時，免不了碰上當著我們的面說謊，以及想把我們嚇跑的人。態度囂

張的混蛋與謊話連篇的騙子是這一行的常客，解決那些人是談判工作的一環。

不過，解決不良態度與揪出謊言，只是冰山一角：我們真正要做的事，其實是學會找出言外之意並加以詮釋。談判另一方所說的話與肢體語言，都隱藏著他們的心態。

談判高手會留意對方說話的內容，以及他們如何說出那些話。此外，高手還會留意談判與團體互動中無處不在的非語言溝通，也知道如何利用人們沒說出口的事。我們提意見時，就算只改一個詞，就可能影響另一方的下意識，左右他們的決定，例如把「留住」改成「不要失去」。

接下來，我要談如何揪出騙子，解決混蛋，用魅力贏得每一個人的心。當然，其中一項工具是開放式的「How」問題——那可能是最重要的工具——不過除此之外，還有其他許多工具。

亞拉斯特・王林思萬（Alastair Onglingswan）住在菲律賓，二〇〇四年一天晚上，他搭上一部計程車，準備從馬尼拉綠山（Greenhills）購物中心回家。

車程很長，他睡著了。

醒來時，全身被五花大綁。

很不幸，亞拉斯特搭上的那輛計程車，司機的副業是綁匪，前座藏著一罐乙醚，趁綁架目標睡著時，迷昏他們，關起來，接著要求贖金。

幾小時內，綁匪用亞拉斯特的手機，聯絡他人在紐約的女友，要求她每天都付一筆亞拉斯特的「照顧費」，趁機試探亞拉斯特家多有錢。

綁匪告訴女友：「不付錢也沒關係，反正我可以把他的器官，賣到沙烏地阿拉伯。」

二十四小時內，我接到任務，負責在寬提科指揮此次綁架案的談判。亞拉斯特的女友太緊張，無法代表家屬談判。亞拉斯特住菲律賓的母親，則是綁匪說什麼都一律答應。

不過，亞拉斯特在馬尼拉的哥哥亞倫（Aaron）不一樣：他懂談判是怎麼一回事，也做好亞拉斯特可能會死的心理準備，因此他是更厲害的談判者。亞倫與我約定好一條二十四小時熱線，我在世界的另一頭指導他談判。

綁匪威脅家屬的方式，讓我知道他是有耐性的老手。他說自己可以切下亞拉斯特一隻耳朵，把過程拍成影片，寄給家屬，證明自己說到做到。

要求家屬每天付一筆錢，顯然是要盡量榨光這家人的現金，還可以評估他們有多少財產。我們得找出這傢伙的身分——他是獨自犯案，還是背後有集團操控？他究竟會不會殺掉亞拉斯特？我們得在家屬破產前找出答案，還得靠談判拖住歹徒，放慢每一件事的步調。

我從寬提科打電話，教亞倫問校準型問題，用一堆「How」困住惡徒。我要怎麼……？我怎麼知道……？我們怎麼有辦法……？用唯唯諾諾的態度對待混蛋很有用：你可以靠委婉的方式，做出極端的回答，也就是說「No」。

亞倫問：「我們怎麼知道，如果付錢，你就真的不會傷害亞拉斯特？」

中國的太極是一種借力使力的武術，靠對手的進攻力量打敗對方。我們就是用那一招對付綁架亞拉斯特的歹徒：我們破解他的威脅，讓他疲於奔命，讓他光是打電話給我們，就得絞盡腦汁事先計劃。此外，我們回電子郵件時，也拖延時間。

我們靠著前述種種方法取得上風，但又讓歹徒覺得握有主控權，以爲自己是在解決亞倫的問題，我們則趁機解讀他，浪費他的時間。如果碰上像亞拉斯特的綁匪那麼強硬的人，最好別硬碰硬。基本原則是問「What」與「How」，避免出價，也不要調整自己的談判立場，迂迴躲開就對了。

亞倫接連數天討價還價每天要給多少錢之後，讓歹徒同意降價到一個數字，也同意他把部分贖金存進銀行帳戶。亞倫付了部分贖金後，靠著「When/What」的校準型問題，用不挑釁的方式與歹徒對質。

亞倫問：「等我們錢都給了，會發生什麼事？」

綁匪沉默。

最後綁匪回答：「會沒事。」

太好了！

我們的殺手在不知道自己答應了什麼的情況下，說好了不會傷害亞拉斯特。重複問「What」與「How」的問題，可以化解對手心機深沉的凌厲攻勢。

那一次的對話，看得出綁匪與亞倫每天溝通的結果，就是亞倫變成一個朋友。時間一長，綁匪開始對在電話上與「朋友」說話失去戒心。最後，菲律賓國家警察的調查人員追蹤電話，找到一棟房子，進行突襲。綁匪與亞拉斯特人不在那，但綁匪的妻子在，告訴警方他們另有一棟房子，警方立刻搜索那間房子，救出亞拉斯特，逮捕綁匪。

我們可以靠著眾多技巧、工具與方法，從各種巧妙的口語與非口語溝通方式下手，了解談判另一方的心態，加以影響。前文提過的幾種方法，我希望各位花點時間全部內化。能細心觀察的談判者，將有辦法靠相關工具擊出全壘打。

「七／三八／五五」法則

加州大學洛杉磯分校心理學教授亞伯特．梅拉賓（Albert Mehrabian）透過兩個著名研究，探討哪些因素讓我們喜歡或討厭一個人[1]，最後提出「七／三八／五五定律」。也就是說，僅七%要看一個人說了什麼，三八%要看音調，五五％則要看說話者的肢體語言與臉部表情。

雖然這三個數字，主要是在講印象如何形成，但這個法則依舊給了談判人員實用比例。人類判斷他人最重要的指標，其實是肢體語言與講話的語調，而不是實際上講了什麼。那就是爲什麼就算是能在電話上講清楚的話，我通常還是大老遠飛過去親自見見對方。

我們要如何運用「七／三八／五五定律」？首先，仔細觀察語調與肢體語言，確認這兩件事符合說話內容。如果不符合，很可能說話者在說謊，或至少是他們對眼前的情況半信半疑。

對方的語調或肢體語言，如果不符合他們講的話，可以靠標籤，找出兩者不一致的原因。

舉例來說：

你：「我們達成協議了嗎？」

對方：「是的……」

你：「我聽見你說『是的』，但聽起來有點遲疑。」

對方：「唔，沒什麼啦。」

你：「不，這很重要。既然你有疑慮，我們就一定要弄清楚。」

對方：「謝謝你這麼做。」

如此一來，才能確保協議進入執行階段後，不會出狀況。此外，另一方會感激我們的貼心。我們看出他們「言行不一」、溫和透過標籤解決疑慮，讓對方覺得受尊重，雙方將更信任彼此。

三次法則

我相信各位一定都碰過，有時都談好了，對方也說「Yes」，但後來卻又反悔。可能對方在說謊，也或者只是對方太活在自己的世界，這兩種情形都很常見。

對方之所以出爾反爾，原因是「Yes」有三種：「眞的 Yes」、「的確的 Yes」與「假的 Yes」。

先前第五章提過，許多糾纏不休的推銷員，想讓客戶說出「眞的 Yes」，結果卻造成許多人擅長講「的確的 Yes」。

我們可以靠著「三次法則」避開這類陷阱。

「三次法則」很簡單，就是讓對方在同一場對話中，連續三次同意同一件事，讓我們試圖在當下建立的互動，有三倍效果，在出問題前，搶先找出問題。連續說謊與假裝同意其實是很困難的一件事。

我第一次學習這個技巧時，內心最大的恐懼是如何避免聽起來像跳針，或糾纏不休。

我發現答案是不斷變換手法。

對方首度同意一件事或給出承諾，那是第一次。接著，我們可以靠標籤或摘要他們所說的話，讓他們說出「沒錯」。那是第二次。第三次的時候，可以靠著「How」或「What」校準型問題，詢問有關執行的事，請對方解釋怎麼樣叫成功，例如：「萬一進度不順利，該怎麼辦？」

另一種方法，則是三次都使用校準型問題，只是換個說法，例如：「你面對最大的挑戰是什麼？我們現在要處理的問題是什麼？你認爲要解決這件事，最困難的地方是什麼？」

前述兩種方式，都是在找出前一節提到的「言行不一」，靠問三次同樣的事，找出不實的話。因此，下一次各位不確定對方是否說了實話，或是不確定對方是否眞心想做，可以試一試！

皮諾丘效應

作家卡洛．科洛迪（Carlo Collodi）塑造出小木偶皮諾丘這個舉世聞名的故事人物。要判斷皮諾丘是否說謊很簡單，看鼻子就知道。

事實上，科洛迪塑造的情節離現實並不遠。多數人說謊時有明顯徵兆。鼻子雖然不會變長，但滿接近的。

哈佛商學院教授迪帕克．馬哈特拉（Deepak Malhotra）研究說謊要素[2]，他與共同作者發現，一般而言，騙子比說實話的人饒舌，而且使用第三人稱代名詞的機率高很多。**騙子會一直講他、她、它、某個人、他們、他們的**，而不會**講我，企圖拉開自己與謊言之間的距離**。

此外，研究人員還發現，騙子試圖說服半信半疑的聽話者時，會講比較複雜的句子，也就是喜劇演員菲爾茲（W. C. Fields）所說的「用胡說八道唬人」。研究人員稱之爲「皮諾丘效應」（Pinocchio Effect），騙愈大，說的字數愈多。這種現象很好理解：擔心謊言被拆穿的人，努力讓自己聽起來可信，結果努力過了頭。

注意聽對方用的代名詞

另一方使用的代名詞，也能讓我們知道談判桌對面的那個人，在決策鏈與執行鏈中眞正的重要性。對方愈喜歡說「我」和「我的」，代表重要性愈低。反過來講，愈難讓某個談判者說出「我」和「我的」，代表他們愈重要。馬哈特拉教授的研究說，騙子會想辦法與謊言撇清關係。同樣的道理，談判時，聰明的決策者不想被逼得在談判桌上就做決定，於是便把事情推給不在場的人，以免沒退路。

在菲律賓綁架亞拉斯特的計程車司機，從一開始就不斷說「我們」與「他們」，因此我確定他是主謀，只不過一直要到救出人質後，我才知道他根本是單獨犯案。還記得嗎，前文第二章提到的大通曼哈頓銀行搶案，搶匪瓦滋一直強調「其他人」是多危險的亡命之徒，自己只是無足輕重的小嘍囉，全是在說謊。

克里斯的專屬折扣

人們常說，談判時要記住另一方的名字，而且要喊對方的名字（但不要過頭）。那點的確重要，不過老實講，人們常因爲自己的名字被當成工具，而感到厭煩。油嘴滑舌的推銷員纏著客戶點頭時，通常會一再親暱地叫著客戶的名字。

試試不一樣的手法吧，不要叫客戶的名字，而是拿出自己的名字。我就是靠著這一招，得到「克里斯的專屬折扣」。

在亞拉斯特的案子，我們對著綁匪講話時，提到亞拉斯特的名字，並讓綁匪也跟著叫亞拉斯特，讓他感覺到手上的人質是一個人，減少亞拉斯特被傷害的機率。同樣的道理，我們用自己的名字時，也能營造出「強制同理心」，讓對方把我們看成一個人。

幾年前，我和幾個ＦＢＩ談判同事造訪堪薩斯州一間酒吧。裡頭很擠，不過我看到一個空位，便往空椅子走，正準備坐下時，旁邊的人說：「不准坐。」

我問：「爲什麼？」對方回答：「因爲老子會扁你。」

那個醉漢身材壯碩，但我可是當了一輩子的人質談判人員——哪裡有危險，就往哪裡去，有如飛蛾撲火。

我跟他握手，告訴他：「我是克里斯。」

那個人愣住，此時ＦＢＩ同事走過來，拍了拍他的肩膀，說要請他喝酒。原來那個人打過越戰，那天孤孤單單在一間擁擠的酒吧，似乎全世界都在慶祝，只有他一個人處於人生低潮。不過，一旦我成爲「克里斯」，一切都不一樣了。

談錢的時候也一樣。那次在堪薩斯碰過那個醉漢後，過了幾個月，我在一間購物中心挑襯衫。年輕的收銀台店員問我，要不要加入常客計劃。

我問，如果加入，是不是有折扣。小姐說：「沒有。」

因此我決定換個角度再試一遍，和善地問對方：「我叫克里斯，克里斯的折扣是什麼？」

小姐抬頭看著我的眼睛，笑了出來。

「我問問經理凱西。」她轉向站在旁邊的女士。

剛才聽到完整對話的凱西說：「最多只能打九折。」

製造一點人情味吧，說出你的名字，自我介紹一下，永遠保持風趣、友善的態度，讓身邊的人喜歡與我們互動，順便得到專屬折扣。

如何讓對方自己降價

如同哥哥亞倫與太太茱莉應付綁匪的例子，讓談判另一方降價的最佳方法，就是靠著「How」問題說「No」。相對於直截了當、傷害自尊心的「No」，間接的拒絕不會讓另一方乾脆不談了。事實上，這種拒絕方式聽起來很像討價還價，另一方通常會自己不斷拉低價格。

一般眞的說出「No」這個字之前，通常可以四度表達拒絕之意。

第一次說「No」的方法是我們的老朋友：

「我怎麼有辦法那樣做？」

說這句話的時候，態度要謙卑，讓對方覺得我們在請求協助。運用得宜的話，另一方會給出更好的價碼，一起想辦法解決我們的兩難。

在那之後，第二次委婉說「No」的方法是告訴對方：「你的提議非常慷慨，但很抱歉，我眞的沒辦法做到。」

無數的例子證實，提出這種回應時，我們將可迴避開出自己的價格。此外，「慷慨」兩個字，會讓對方努力配得上這兩個字，另外「很抱歉」這句話，也能讓「No」不那麼直接，以資建立對方的同理心（有些所謂的談判專家說，道歉是軟弱的象徵，別理這種人）。

接下來，我們可以告訴對方：「很抱歉，但恐怕做不到。」這句話比較直接，而且「做不到」幾個字是一石二鳥：說出自己能力不足，可以引發對方的同理心。

第四次說「No」的時候，更簡潔的版本是：「很抱歉，沒辦法。」如果語氣對了，聽起來一點都不傷感情。

當然，如果還得繼續下去，說出「No」這個字是最直接、也是最後的手段。說的時候，音調要下降，表達出我們尊重對方，絕不能是大呼小叫的「NO」！

我學生赫蘇斯．布艾諾（Jesus Bueno）不久前寫信給我，告訴我他是如何靠著一連串的「No」，精彩地幫助哥哥璝昆（Joaquin）解決棘手的公司問題。

璝昆和兩個朋友買下西班牙北部一間大麻種植連鎖店，個人用途的大麻在當地是合法的。璝昆與合作夥伴布魯諾（Bruno）各投資兩萬歐元，各占四六％的股份（另一名小股東投資三千五，占八％）。

璝昆與布魯諾的合作，一開始就不是很順利。璝昆是優秀推銷員，布魯諾則比較像是管帳的人。另外一位小股東也是厲害的推銷員，他和璝昆認爲刺激銷售是正確策略，也就是該給大訂單與老顧客折扣，但布魯諾不同意。此外，小股東和璝昆想花錢架設網站，增加存貨，也惹得布魯諾不高興。

接著，布魯諾的妻子也加入戰局，開始向璜昆嘮叨，不該花那麼多錢搞擴張，而該幫公司多賺一點錢。有一天，璜昆清點存貨，發現他們進的某些貨不在店內。他上網路去找，發現有人在 eBay 販售他們消失的進貨，賣家帳號是布魯諾妻子的名字。

布魯諾和璜昆大吵一架，兩人關係惡化。布魯諾在盛怒之下告訴璜昆，他想賣掉股份，他覺得他們正在冒太大的險，因此璜昆和弟弟（我學生赫蘇斯）商量。

兄弟倆判斷，布魯諾之所以想賣股份，來自太太的壓力是原因，因此赫蘇斯依據那個判斷，幫璜昆寫下具有同理心的信：「你似乎承受太太很大的壓力。」璜昆當時正碰上離婚，因此兄弟倆決定用自己的經驗同理對方妻子的事，走一遍「清查指控」——「我知道你認爲，我不關心成本，還拿走公司的利潤。」兄弟倆希望靠著提出這件事，化解負面情緒，讓布魯諾願意開口。

這一招非常奏效。布魯諾立刻同意他們提出的指控，開始解釋爲什麼他覺得璜昆亂花錢。布魯諾還提到，他跟璜昆不一樣，公司要是完蛋，沒人會救他

（璜昆的創業資金是母親提供的）。璜昆靠著鏡像法，讓布魯諾一股腦兒說出心底話。

最後璜昆說：「我懂老婆施壓是什麼感覺，我自己也正在處理離婚的事，你眞是辛苦了。」布魯諾接下來抱怨了十分鐘妻子的事，還透露一個重大訊息：他的妻子十分不高興，因爲借他們兩萬歐元的銀行重新檢視貸款，給了他們兩條路走：一條是全額還錢，一條是付更高的利息。

賓果！

璜昆與赫蘇斯得知銀行的事之後，聚在一起討論，決定璜昆可以比貸款金額多貼一點錢就好，因爲布魯諾已經從公司領了一萬四千歐元薪水。銀行的通知信讓布魯諾處於不利處境，璜昆知道自己可以開低價，因爲布魯諾找不到別人買股份。

兄弟倆決定把目標價定爲兩萬三千歐元，先給一萬一，剩下的一萬二分一年付清。

接著事情完全脫離劇本。

璜昆沒等布魯諾開價，就急著把數字統統說出來，還告訴布魯諾那個價格「非常公平」。各位如果想惹惱談判的另一方，可以暗示對方如果不同意你的話，就是**不公平**。

接下來發生的事證明了那點。

布魯諾氣到掛電話，兩天後，璜昆收到一封電子郵件，寄件人說，布魯諾雇用他代表談判，他們要求三萬零八百一十二歐元，其中兩萬是貸款，四千是薪水，六千二百三十是股份，五百八十二是利息。

精確的名義，精確的數字，感覺沒有商量餘地，那傢伙是專業級的。

赫蘇斯告訴哥哥璜昆，他完全搞砸了。不過他們知道布魯諾急著賣股份，因此決定靠一連串的「No」策略，讓布魯諾自己降價。最糟的結果，不過就是布魯諾不賣了，繼續維持現狀，這點險算不了什麼。

兄弟倆寫好第一封說「No」的信：

> 你們提出的價格十分公道，我的確希望自己負擔得起。布魯諾替

這間公司付出許多心力，該得到應有的報酬。我非常抱歉，但祝你們好運。

注意到了嗎？他們沒討價還價，從頭到尾也沒說「No」，但拒絕對方開的價。

璜昆隔天收到讓他嚇一跳的回信，布魯諾的顧問降價成兩萬八千三百四十六歐元。

璜昆與赫蘇斯寫下第二封委婉說「No」的信：

感謝你們的出價。你們好心降價，眞的很感激。我希望有辦法給那麼多錢，但目前眞的拿不出來。你們知道的，我正在辦離婚，沒這麼多錢。再次祝你們好運。

隔天，璜昆收到顧問只有一句話的回信，這次價格降到兩萬五。璜昆想接受，但赫蘇斯告訴他，還可以走完其他的「No」步驟。璜昆和弟弟吵起來，但最後還是同意了。

在這裡提醒大家一件很重要的事：成交的藝術，就是直到最後一刻都要保持專注。在結尾的關鍵時刻，一定要拿出紀律。不要想著最後一班飛機何時飛走，也不要想早點回家打高爾夫球。不要胡思亂想，一定要不達目標，誓不甘休。

兄弟倆寫道：

> 再次感謝您慷慨出價。眞的降了很多錢，我也很努力籌。不幸的是，沒人願意借我錢，就連我母親都不肯。我試過好幾條路，但都拿不出那麼多錢。我可以出兩萬三千五百六十七元，不過只能先給一萬五千三百二十一・三七元，剩下的要分一年給完。我眞的最多就只能拿出那麼多錢，看你們怎麼決定，祝好運。

太精彩了，有精確的數字，還靠著引發同理心，拒絕對方，但並沒有直接說出「No」這個字！

成功了。一小時內，對方的顧問接受瓚昆的開價。

讓我們仔細分析一下赫蘇斯的手法：看到了嗎？他先是利用鏡像模仿與開放性問題，讓布魯諾說出自己的財務狀況，接著又用「No」占便宜。如果有其他買家，這可能不是好方法，但這個例子沒有，因此順利讓布魯諾自行降價。

■本章重點回顧

運籌帷幄的超級談判人員知道，談判不能只看表面上說了什麼。要談成好條件，就得挖掘言外之意，還得加以操控。唯有讓底下的議題現形，加以改變，才能順利成交，確保協議會被執行。

各位運用後列工具時，不要忘了本章最重要的概念：沒有「How」的話，有「Yes」也沒用。問「How」，知道「How」，定義「How」，全是談判者的重要法寶。沒有「How」的談判人員等於手無寸鐵。

- 問「How」的校準型問題，接著再問一遍，然後再問一遍。問「How」可以讓另一方手忙腳亂地全神貫注。回答問題會讓他們覺得主導權在自己手上。此外，他們在提出要求時，將考量我們的窘境。
- 利用「How」問題影響談判情境。各位可以靠著問「我怎麼有辦法辦到」來委婉說「No」，神不知鬼不覺中，促使另一方尋找其他辦法——**替我們想解決辦法**。此外，如此一來對方通常會自己降價。
- 不要只關注直接與你談判的人；永遠要找出「幕後人員」的動機。我們可以靠著詢問這次的談判如何影響其他每一個人，以及其他人支持的程度，找出答案。
- 遵守七／三八／五五法則，仔細觀察語調與肢體語言。對方如果「言行不一」，代表他們在說謊，或是對協議感到不安。
- 對方的「Yes」是真是假？靠「三次法則」測試一下：運用校準型問題、

摘要與標籤，讓對方至少三次表示同意。屢屢說謊或假裝接受，其實是很困難的事。

■ 從一個人使用的代名詞，可以看出他的地位。如果聽見對方一直講「我」或「我的」，眞正有權決定的人大概是別人。如果對方一直說「我們」或「他們」，則比較可能是眞正的決策者。他們很聰明，知道不能把話說死。

■ 講出自己的名字，讓對方感受到我們是眞實存在的人，甚至得到折扣。幽默與人情味是破冰與移除談判障礙最好的辦法。

第 9 章
全力討價還價

幾年前，我愛上一台紅色的豐田 4Runner。那可不是普通的「紅」，而是「莎莎舞珍珠紅」，悶騷，感覺夜間會閃閃發亮，性感極了，對吧？我做夢都在想那台車，非買到不可。

我搜尋華盛頓特區的市區經銷商，很快就發現，自己不是唯一愛上那款車的人：莎莎舞珍珠紅大缺貨，整個特區只剩一家有。

各位知道的，有句話說，肚子餓時別逛超市？嗯，我很餓，非常餓，還戀愛了……我坐下來，穩住自己，想出計策。那家經銷商是唯一的機會，非成功不可。

我在天氣晴朗的星期五下午，開車到那家經銷商，坐在和善的賣車人員史坦（Stan）對面，告訴他那輛 4Runner 有多棒。

史坦給了我一個常見的職業笑容——他還以爲大魚自己送上門——告訴我「那輛美麗的車」標價是三萬六美元。

我點頭表示了解，噘起嘴。讓雙方展開討價還價的關鍵，就是非常輕、非常輕地推對方一把，一定要用最和善的方式。只要小心，就有機會談到想要的價格。

我說：「我出三萬，而且是事先一次付清。我今天就能開給你一張全額支票，但很抱歉，我恐怕拿不出更多錢。」

售車員微笑的嘴角動了一下，好像要抽搐一樣，但他穩住表情，搖了搖頭。

「相信您能夠諒解，我們無法那麼做，畢竟定價是三萬六。」

我必恭必敬地問：「可我怎麼有辦法付那麼多錢？」

「我確定……」他停頓了一下，就好像不確定自己要說什麼。「我確定我們有辦法找到合適的三萬六貸款方式。」

「這輛車美呆了，眞的很棒，我眞的很想買，這輛車的價値超過我出得起的錢。很抱歉，眞丟臉，三萬六我實在付不起。」

售車員靜靜地凝視著我，有點摸不清我在做什麼，接著起身走到後頭。他去了那麼久，感覺像是消失了一萬年，我記得當時在心中告訴自己：「該死！剛剛應該開低一點！他們願意降價。」只要對方不是斷然拒絕，你開的價就有機會。

售車員回來的時候歡欣鼓舞，就好像聖誕節到了一樣，告訴我主管願意降價到三萬四。

「哇，你們人眞好，好棒的價格，這是我夢寐以求的車。」我說，「我眞的很希望有辦法出到那個價，眞的。好丟臉，我付不起。」

售車員再度沈默，但我沒上鉤，雙方一句話也沒講，接著他嘆了一口氣，再度走到後頭。

接著又過了一萬年，他回來了。

「你贏了，」他說，「經理說三萬兩千五賣給你。」

他把一張紙推到我面前，上頭甚至用斗大的字寫著「您贏了」，旁邊還繞著一圈笑臉。

「眞是感激不盡，你們太阿莎力了，不曉得該怎麼感謝你們。那輛車的價值絕對超過我出的價。」我說，「可是很抱歉，我實在買不起。」

售車員再度起身，這次臉上沒了笑容，也依舊有點暈頭轉向。幾秒鐘後，他再度去找主管，我好整以暇地等著，品嘗著勝利滋味。一分鐘後——這次沒有等上一萬年——他回來坐下。

「那個價格可以。」他說。

兩天後，我開走我的莎莎舞珍珠紅豐田 4Runner——價格是三萬。

我愛死那輛車，現在還在開。

多數的談判，不可避免會從雙方有點客套的互動著手，最後終究得談正事，打開天窗說亮話。各位都經歷過那個階段：你一路做鏡像模仿與貼標籤，營造和諧氣氛，清查指控，移除所有理性與感性障礙，找出各方利益與立場，使出摘要法，讓對方說出「沒錯」，接著……

接著是討價還價的時刻。

贏錢的時刻來了！雙方進行多數人會緊張到冒出一身冷汗的「你出一個價，我出一個價」。各位如果自認和多數人一樣，認爲這個不可避免的一刻，只是必須捱過去的痛苦時刻，你大概會被熱愛殺價的人狠狠擊敗。

討價還價是談判最令人焦慮，最令人殺紅了眼的階段，也因此這個階段最容易搞砸。對多數人來講，討價還價的過程令他們不舒服。就算已經想好萬全計劃，眞的到了喊價時刻，許多人都會退縮。

本章我將介紹討價還價的技巧，檢視碰上哪一種心理狀態，應該選用哪一種戰術，以及運用的方法。

首先，討價還價不是太難，但也不是全憑直覺或加加減減。想當高手，就得先忘掉自己對於討價還價的成見，還得辨識在談判桌上扮演著關鍵角色的無聲心理策略。高手眼中不會只有出價、還價、成交價，還會看到暗潮洶湧。

一旦學會辨認心理暗潮，就有辦法更精確地「讀懂」談判情勢，胸有成竹地回答就算是高手中的高手也會碰上的戰術性問題。

各位將有辦法應付「拳拳到肉的談判」，在對手還搞不清楚狀況時，就將他打倒在地。

你是哪種類型的人？

幾年前，我和得力員工基農一起划船，我的任務是給他加油打氣，順便做個人績效評估。

我說：「我認爲我們所做的事，可說是『找出暗潮』。」

基農說：「找出暗潮。」

「沒錯，基本概念就是我們——你、我和公司的每一個人——有能力找出把我們拖離岸邊的心理力量，把那股力量運用在更有利的地方。」

基農說：「更有利的地方。」

「沒錯，」我說，「用在我們能夠……」

我們講了四十五分鐘後，我兒子布蘭登（他負責黑天鵝集團的營運）大笑。

「我受不了了！你看不出來嗎？真的假的，爸，你沒看出來？」

我眨眨眼，問布蘭登，要看什麼？

「基農從頭到尾都在對你做鏡像模仿，他已經做了快一小時。」

「噢。」我臉紅，基農大笑。

布蘭登說得沒錯，基農從頭到尾都在「耍」我。他用上應付我這種強硬型的人最有效的心理工具：鏡像模仿。

我們與另一方的談判風格，源自童年、學校生活、家庭、文化，以及成千上萬的因素；找出風格，就能找出自己與對方的談判優缺點，視情況調整心態與策略。

談判風格是討價還價的重要變數。如果不曉得在各種情況下，自己與對方是依據什麼樣的直覺在行事，就不可能靠策略與戰術有效出擊。我們和對方都會有習慣性的思維與行爲，一旦找出它們，就能抓到可以加以運用的策略。

就像基農那樣。

許多研究都介紹了談判桌上一定會碰到的典型人物，以及他們的行爲側寫，然而相關分類實在太多，多到無法運用，因此過去這些年來，我公司在我兒子布蘭登的帶領下，大家一起整合與簡化相關研究，再加上我們的實務經驗，以及我們商學院學生的個案研究，最後發現人大致分成三種類型：有的人是「變色龍」（Accommodator），有的人則跟我一樣，基本上是「強硬派」（Assertive），其他人則是熱愛數據的「分析師」（Analyst）。

好萊塢電影的談判場景告訴我們，強硬派是討價還價的高手，不過其實三種類型的人都能談出好價格，而且如果要當高手中的高手，其實三種風格都派得上用場。

美國一項律師談判人員研究[1]發現，美國兩大城市六五%的律師採取合作風格，僅二四%是強硬派。此外，該研究評估談判效果後，發現「有效組」中，超過七五%的律師採取合作風格，僅一二%屬於強硬派。因此，各位如果不是強硬派，也別絕望。大多數的時候，直言不諱的強硬風格反而有反效果。

還有別忘了，個人談判風格不是死的，沒有人完全只屬於一種風格。大部分的人都有辦法在必要時刻，拿出不同於平日的一面。不過，成功的談判風格，的確有一條金科玉律：若想成爲高手，其實得學著在談判桌上當自己。厲害的人會加強自己的長處，而不是想辦法當別人。

接下來，我快速介紹一下三種類型的談判者，以及每種類型最適合的戰術。

分析型

分析型的人做起事來有條有理，認眞，不慌不忙，認爲只要按部就班，事事都會順利進行，花多少時間不重要。這類型的人對於自我形象的要求，就是盡量別出錯，座右銘是「慢慢來，把事情做對」。

典型的分析者喜歡獨立工作，一步步朝目標邁進，很少展露情緒，而且經常使用類似第三章提到的ＦＭ電台ＤＪ聲音，講話慢慢的，音調往下沉。然而，分析型的人講的話，常令人感到冷漠，有距離感，缺乏撫慰的效果，使聽眾感到疏離而不自知，談判的另一方無法安心地敞開胸懷。

分析型的人喜歡多做準備，一個細節也不放過。上談判桌十五分鐘就能得到的資訊，他們會事先花兩星期做功課，因為他們不喜歡被嚇一跳，分析型的人不喜歡預期之外的事。

分析者是冷靜的問題解決者，也是資訊蒐集者，而且十分重視互惠。他們會釋出善意，但要是你沒在一定時間內回報，他們就再也不信任你，不願意和你往來。你可能覺得莫名其妙，不懂他們怎麼了，但別忘了，他們通常獨立作業，從他們的觀點來看，他們肯和你談，就已經是讓步了。此外，分析型的人通常把談判另一方的讓步，視為要回去好好評估的新資訊，因此不要期望他們立刻回應。

這類型的人天性多疑，因此一開始別問太多問題，他們會想先弄清楚一切是怎麼回事，才肯回答。對他們來說，事前的準備很重要。你提出理由時，要有明確數據，不要即興發揮；還要用資料做對比，講事實就好，有事要提早提醒他們，不要製造預期以外的事。

沈默對分析者來講是思考機會，不代表他們在生你的氣，也不代表他們在給你更多講話機會。如果你覺得他們的看法和你不同，要先給他們想一想的空間。

道歉對分析者來說，不具備太多意義，因爲他們認爲「談判」與「他們和你的私人關係」是兩回事。他們會回應標籤，但不會立刻回答校準型問題。如果封閉型問題的答案是「Yes」，他們也不會立刻回答，需要幾天時間才能回應。

各位如果是分析型的人，你該擔心的是，自己是否疏遠了基本情報來源，也就是談判的另一方。說話時，最重要的事是記得微笑，人們會因此更願意提供資訊。微笑是一種可以養成的習慣。一時慌了手腳時，微笑可以幫忙掩飾過去。

變色龍型

此一類型的談判者最重要的特徵，就是他們會花時間打好雙方關係。變色龍認爲，天南地北交換資訊，不算在浪費時間，溝通讓他們快樂。他們的目標是與另一方變成超級好朋友，他們熱愛雙贏。

三種類型的談判者中，變色龍最有可能與另一方打好關係，但什麼都沒談成。

變色龍屬於買賣不成仁義在的類型。和他們聊天很簡單，他們極度友善，講話聲音令人愉悅，還會爲了讓別人高興或默認，做出讓步，希望對方也會有所表示。

各位的談判對象如果熱愛交際，喜愛和平，樂觀，容易分心，而且時間管理概念不佳，他們大概就是變色龍。

和變色龍談的時候，記得要熱情友善，聽他們講自己的想法，靠目標對準「執行」的校準型問題，催促他們化言語爲行動。由於他們通常是率先釋出善意的人，所以有可能答應自己辦不到的事。

變色龍有時不太事先做談判準備，注意力大都直接擺在談判桌上的人，想多了解你一點。他們充滿協商精神，照顧到衆人的情緒，讓所有人都開心。

變色龍非常容易接受辯駁，因爲他們把重點擺在聆聽你的意見，也因此很難找出他們眞正反對的事。他們會事先看出潛在問題，但不會去處理，以免引發衝突。

各位如果自認是變色龍，那就繼續當人見人愛的人，但不要犧牲自身目標，得讓分析型與強硬型的人聽見你的看法。如果對方也是變色龍，更是會樂意傾聽你的想法。要小心的一點，就是不要聊過頭：分析型與強硬派不愛聊天，而如果談判的另一方也是變色龍，你們雙方可能互動個沒完，但永遠沒有結論。

強硬型

強硬派認爲時間就是金錢，每浪費一分鐘，就是多浪費一塊錢。他們的自我要求是一段時間內要做出成績。對他們來講，與其找到盡善盡美的解決方案，不如立刻解決事情。

強硬型的人把「贏」看得非常重，其他人通常因此被犧牲掉。同事與談判對象永遠不會懷疑他們的立場，因爲他們永遠有話直說，採取咄咄逼人的溝通方式，不擔心以後互動會尷尬。他們認爲做生意的確要互相尊重，但其他的不重要。

最重要的是，強硬派需要別人聽見他們的聲音，而且光聽還不夠，他們要在覺得你聽懂了之後，才有辦法聽你說話。他們的重點是目標，不是人，說的比問的多。

面對強硬派時，最好把注意力擺在他們要說的話，他們一旦相信你懂，就能聽進你的觀點。要是覺得你不懂，便什麼都聽不進。

對強硬派而言，每個安靜時刻都是發表意見的機會。鏡像模仿很適合這類型的人，校準型問題、標籤與摘要法也很適合。最重要的一件事，就是讓強硬派說出「沒錯」兩個字，只不過他們可能不會講「沒錯」，而是講「就是那樣」或「你抓到重點了」。

在「互惠」這件事上，強硬派屬於「得寸進尺型」，覺得不管你給了什麼，都是應該的，不會察覺你也希望他們回報。你給他們東西，他們只會覺得可以進一步要求，但如果是自己讓步，則絕對等著你投桃報李。

各位如果是強硬型的人，一定要特別小心自己說話的語氣。你可能沒惡意，但別人聽起來就是很刺耳。請刻意軟化語氣，讓自己「悅耳」一點。校準型問題與標籤是你的談判利器，這兩樣工具會讓別人覺得你平易近人一點，增加雙方合作的機會。

以上是三種類型的人如何看待時間（時間＝準備；時間＝人際關係；時間＝金錢），以及沈默在他們心中完全不同的意義。

我自己絕對是強硬型的人。某次開會，變色龍型的人告訴我，他搞砸談判了。我心想，你做了什麼，你對著對方咆哮，負氣走人？因爲我搞砸的時候，就是那樣。

結果那個人做的事是陷入沈默。對變色龍來講，沈默代表在生氣。

然而，對分析型的人來講，沈默代表他們要想一想，強硬派則覺得一個人沈默，代表無話可說，或是想讓別人發言。我是強硬派的人，所以我知道：我只有在想不到自己要講什麼的時候，才會安靜。

三種人碰在一起，就會發生好笑的事。分析型的人停下來思考，結果變色龍擔心他在生氣，強硬派則開始講個不停。分析型的人氣個半死，心想：每次我試著思考，你就抓住機會開始講話，拜託閉上嘴好嗎？

在我繼續介紹三種談判風格之前，先提一下為什麼人們經常沒認出別人的風格。

我們之所以很難準確判斷他人風格，最大的原因，在於我們會碰上「『我是一般人』矛盾」（'I am normal' paradox）。也就是說，我們假設自己眼中的世界，就是別人眼中的世界，畢竟誰不會那樣覺得？

然而，儘管我們覺得自己當然代表著一般人，但這種心態是最糟糕的談判假設。我們覺得自己和大家一樣時，就會不自覺地認為自己的風格就是其他人的風格。然而這世界如果分成三種談判風格，那麼有六六%的機率另一方會和我們不同，他們是另一種類型的「正常人」。

某位執行長曾告訴我，他預期十次談判，九次會失敗，然而這位執行長是在把自己的看法投射在談判的另一方身上。事實上，碰到和他有相同心態的人，十次大概只會有一次。如果他能懂別人和他不同，成功率一定會提升。

三種類型的人開啓對話的準備方式不同，也因此會以不同方式談判。想當討價還價的高手之前，首先要弄清楚另一方「正常的樣子」。請敞開心胸，接受別人與我們不同，找出對方屬於哪一種類型，因爲「將心比心」這個原則，不適合用在談判上。

談判的黑天鵝法是不要「希望別人怎麼待你，就怎麼待他們」，而要看對方是哪種類型的人。

（如果想知道自己與身邊的人屬於哪一種類型，可以造訪 http://info.blackswanltd.com/3-types，下載 PDF 檔。）

挨一拳

學術界喜歡把討價還價當成一種理性、沒有情緒的談判過程，要我們利用「議價談判空間」（ZOPA），也就是買賣雙方價格重疊的部分。舉例來說，東尼想賣車，他能接受的最低價是五千美元。莎曼珊想買車，但最多只能出六千。兩人的議價談判空間因此是五千至六千。有的談判有談的空間，有的沒有，一切非常理性。

才怪。

各位應該拋開那種想法。在眞實的談判情境，高手才不管議價談判空間。有經驗的談判者通常會開出離譜價格，也就是極端錨點。如果沒做好心理準備，你會慌了手腳，立刻提高或降低到自己能接受的極限，那是人類的天性。咬下對手耳朵的兇猛拳擊手麥克・泰森（Mike Tyson）講過一句話：「每個人被一拳打斷牙齒之前，都有計劃。」

身爲準備充分、盡全力蒐集一切資訊的談判者，你會想讓對方先出價，因爲你想知道對方手上有什麼牌。對方要拋極端錨點？沒問題。然而，極端錨點力量強大，我們畢竟是人，心中不免有情緒。如果情緒上來了，忍住就對了，不需要委屈自己的價格，也不需要憤怒以對。學會撐過情緒風暴後，就有辦法打不還手，但將對方一軍。

首先，我們要借力使力，讓對方開口。成功的談判者，常用前文提到的各種方法說「No」（「我怎麼有辦法接受那個價格？」），或是靠問問題改變錨點，例如：「我們眞正的目標是什麼？」我們覺得自己被拉向妥協陷阱時，這類型的回應可以讓另一方回歸正軌。

此外，別人拋出重重打我們一拳的錨點時，我們可以靠轉到可行的方向回應，也就是說，覺得陷入亂砍價時，可以靠著談錢以外的議題，改變談話方向，得出行得通的價格。

各位可以用鼓勵的語氣直接說：「讓我們先把價格放到一旁，談一談對雙方都有利的事。」或是用迂迴一點的方式問：「你們還能提供什麼，讓我覺得這是個好價格？」

萬一對方逼你先開價，那就掙脫他們的掌控。不要明白開出一個價格，而要提到其他人開的超高價。曾有醫院集團要我先開價，我說：「如果你找哈佛商學院，他們每個學生一天要收兩千五美元。」

無論發生什麼事，重點是蒐集另一方的資訊。先讓對手拋出錨點，將可得知許多事，我們唯一的功課，就是學會承受對方的第一拳。

我的喬治城大學ＭＢＡ學生法魯克（Farouq），示範了如何不要被打一拳就放棄。法魯克爲了籌措一場大型杜拜校友會的經費，跑去拜託ＭＢＡ所長。一共還差六百美元，實在是沒辦法了，所長是他最後一個能求助的人。

法魯克見到所長時，談起學生對於這趟旅程有多興奮，這場活動可以提升喬治城大學ＭＢＡ課程在當地的知名度。

法魯克話還沒講完，所長就打斷他。

所長說：「聽起來你們正在計劃一場很棒的旅程，但我預算很緊，頂多只能贊助三百。」

法魯克沒料到所長那麼快就出手，不過計劃總是趕不上變化。

「預算有限，您還願意提供這樣的協助，眞是太慷慨了，但我不確定那樣的數字，要怎麼樣在當地舉辦盛大校友會。」法魯克讓所長知道，他明白她預算有限，但沒說出「No」這個字，就拒絕對方的開價。接下來，法魯克拋出極端錨點：「我腦中有一個非常高的數字：我們需要一千美元。」

一如預期，極端的錨點立刻被所長回絕。

「一千完全超出我的權限，我絕對沒辦法答應。不過，我可以給你五百。」

法魯克有點想接受，只差一百的話，不是差太多，但他記得目標設太低不好，因此決定繼續提高價格。

法魯克告訴所長，五百已經接近目標，但尚有一段距離，八百五比較好。所長說，五百很高了，她覺得五百很合理。此時法魯克如果是沒準備好就上陣，他可能會放棄，然而先前他已做好挨一拳的心理準備。

「我認爲您說的數字非常合理，我也了解您不方便，不過還需要多一點贊助，才能讓學校有面子。」法魯克說：「七百七十五好不好？」

所長露出微笑，法魯克知道成功了。

「你腦中似乎有非常明確的目標，」她說，「說吧。」

此刻，法魯克很願意告訴所長自己的數字，他覺得她是眞心的。

「我需要七三七．五元才有辦法，除了您，沒人能救我了。」他說。

所長大笑。

所長讚美法魯克不屈不撓，說她會再看看預算。兩天後，法魯克收到信，所長辦公室願意贊助七百五十元。

回擊：自己可以強硬，但不要被別人的強硬騙了

談判終點遙遙無期、沒什麼進度時，得讓大家動起來，搖醒另一方僵化的腦袋，此時強力的手段是非常有效的工具。有時情勢所逼，我們得硬起來，揍對方一拳。

不過話雖是這樣說，要是各位基本上是和善好人，要你去揍泰森那樣的拳擊手，實在是強人所難，有些事假裝不來。丹麥諺語說：「有多少麵粉，就做

多少麵包。」不過我們每個人依舊可以學個一兩招。

接下來介紹幾種聰明的強硬法：

真心的憤怒、不帶怒氣的威脅、策略性發火

歐洲工商管理學院（INSEAD）的馬文．辛納綏（Marwan Sinaceur）與史丹佛大學的賴瑞莎．泰登斯（Larissa Tiedens）發現，表達怒意可以增加優勢，取得更多談判結果[2]。憤怒可以顯現出強烈的情感與信念，動搖另一方，讓對方願意讓步。然而，我們的憤怒激起對方的危機感與恐懼感時，他們會無法好好思考，進而做出執行時會出問題的錯誤讓步，我們得到的好處也因此跟著減少。

此外要小心，研究人員也發現，如果其實沒生氣，但裝出憤怒的樣子，會有副作用，讓事情一發不可收拾，進而破壞信任。憤怒要有用，怒氣得是眞的，而且不能過頭，因爲憤怒會讓人無法好好思考。

因此，有人開出離譜條件、我們眞的火冒三丈，那就深呼吸，允許自己發洩出微微怒氣——記得，要對事不對人——然後說：「我不知道那怎麼可能行得通」。

這種抓準時機的被冒犯，稱爲「策略性發火」（strategic umbrage），可以讓對方睜開眼看到問題。哥倫比亞大學學者丹尼爾．阿曼斯（Daniel Ames）與艾比．華滋拉維克（Abbie Wazlawek）的研究發現，碰上策略性發火的人，會覺得自己**過度**強硬，雖然其實對方並沒有那樣想[3]。這裡要注意的是，不要讓別人用這一招對付**我們**，別讓自己成爲「策略性發火」的受害者。

不帶怒氣、鎮定地傳達出威脅，是很好的工具。記住，要有自信，而且控制住情緒，冷靜說出：「很抱歉，但這件事對我來說行不通」。

問「為什麼」

前文第七章提過，問「Why」會引發問題。不管是在全地球，還是全宇宙，問「Why」都會讓人心生防禦。

各位可以做個實驗。下次主管要你做事時，問他「爲什麼？」看看會發生什麼事。接著在同事、下屬、朋友身上做這個實驗，觀察大家的反應，他們一定會出現某種程度的防禦心。不過，不要過頭，以免丟了工作，還失去所有的朋友。

我在談判時，只有一次因爲想要拒絕對方，而開口說：「你爲什麼那麼做？」不過，這個方法的效果難以預料，我不推薦。

儘管如此，問「爲什麼？」有一個很好的用途：靠「Why」激起對方的防禦心，讓對方替你的立場辯護。

這個用途乍聽之下令人感到莫名其妙，不過基本方法如下：如果對方不信任你，你想動搖他們的疑心，那就問：「你們爲什麼要那樣做？」讓對方的反抗，正中你的下懷。舉例來說，如果想引誘客戶選你，不選你的競爭者，那就告訴他們：「你們爲什麼會想和我做生意？幹嘛換供應商？他們很棒啊！」

這類問句出現的「爲什麼？」，可以把對方的思考引導至對我們有利的方向。

「我」怎樣怎樣

利用第一人稱單數代名詞「我」，可以設定界限，但又不會演變成衝突。當你說：「我很抱歉，那對我來說行不通。」這句話中的「我」會發揮效果，讓對方把注意力暫時擺在你身上，你可以趁機強調自己想說的話。

一般來講，說話時加進「我」這個字，可以按下暫停鍵，打斷不良互動。如果要打斷對雙方沒好處的話，你可以告訴對方：「你______的時候，我覺得______，因爲______。」靠著這句話，要求中場休息。

不過，「我」這個字威力強大，用的時候要小心：不要用咄咄逼人的方式，也不要引發爭論。語氣要冷靜平穩。

不是非要不可：隨時可以走人

前文提過，與其接受糟糕協議，不如讓談判破局。如果覺得自己無法說「No」，代表你已經綁架住自己。

一旦說清楚底線後，該離開就離開，沒有非得達成協議這種事。

我在這裡先強調，就算要有底線，依舊要維持促進合作的關係。我們的確要清楚表明自己的立場，但得靠同理心劃分出界限，而不是靠敵意或暴力。憤怒及其他強烈情緒偶爾會帶來好處，但要抓好分寸，不能是人身攻擊。進行白熱化的討價還價時，一定要謹記在心的關鍵原則，就是永遠別把另一方視爲敵人。

坐在談判桌對面的人，永遠不是問題所在，尙待解決的議題才是。記住這點是避免情緒衝突升溫的基本方法。在我們的文化中，電影與政治喜歡塑造壞人，以爲只要打倒某個人，就沒事了，然而這種心態不利於所有類型的談判。以牙還牙是最後的手段。除非萬不得已，否則最好先讓情勢降溫，提議中場休息一下。對方退一步喘口氣時，就不會覺得陷在糟糕情勢中出不來，進而感覺拿回自主權。他們會感激你提議大家休息一下。

各位可以把回擊與劃清界限，想成一條扁平的「S 曲線」：先是加速攀上談判斜坡，接著碰上高原期，不得不暫停一切進度，讓造成問題的議題升溫或降溫，恢復和諧，接著再攀高峰。如果要用具有建設性的正面方式解決衝突，就得明白一件事：解決事情得靠人與人之間的情誼，永遠不要製造敵人。

艾克曼法

前文我花了很多篇幅談心理柔道，我的談判工具包括校準型問題、鏡像模仿，以及動搖另一方、讓對方自己降價或提高價格。

不過，談判到最後，總是得決定誰分到哪塊餅，而且有時總會碰到強硬的討價還價者，不硬碰硬不行。

我在人質談判的世界，永遠會碰上得硬碰硬的討價還價，這世上有很多專斷獨行而且習慣得逞的人。他們會說：「給錢，不然我們就殺人。」而且說到做到。要靠談判讓這種人放手的話，你得全副武裝，你需要工具。

我從前接受ＦＢＩ談判訓練時，學到一個我認爲非常可靠、至今還在用的討價還價法。

我稱那個方法爲「艾克曼法」，因爲那個辦法來自麥克・艾克曼（Mike Ackerman）。艾克曼以前是CIA的人，後來在邁阿密成立綁架贖金顧問公司。發生綁架案時，FBI常與「艾克曼的人」一起合作，他們會協助我們設計討價還價的方法，但我從來沒見過麥克本人。

我從FBI退休後，終於在邁阿密見到麥克。我告訴他，我把他的方法用在商業談判，他大笑，說自己的方法來自哈佛談判傳奇霍華・瑞發（Howard Raiffa），而瑞發也說那套方法適用於所有情境，看來我有理論依據。

艾克曼法是一種討價還價法，至少表面上如此。艾克曼法可以有效打破死板的談判方式，也就是說，最終價格不一定要取雙方開價的平均。

艾克曼法很好記，一共只有循序漸進的六步驟：

一、設定目標價（你的目標）。

二、把第一次的出價，設成目標價的六五%。

三、計算三個愈加愈少的價格（目標價的八五%、九五%、一

〇〇%）

四、不斷運用同理心，用各種方式說「No」。在提高自己的出價之前，讓對方討價還價。

五、計算最終價格時，給出有零頭的精確數字，例如開 $37,893，不要開 $38,000，讓價格看起來可信、經過精心計算。

六、幫自己的最終價格，加上一個和錢無關的贈品（對方大概不想要），讓對方知道這個價格真的是你的極限。

艾克曼法的精彩之處，在於整合前文提過的各種心理戰術，例如互惠、極端錨點、損失規避等等。我們不需要一一想好，就能一次拋出多種戰術。請再忍耐一下，我會講解每個步驟是怎麼一回事，各位就懂了。

首先，第一次出價時，出目標價的六五%是在設下極端錨點，打得對方暈頭轉向，直逼他們的價格極限。除非是老手，極端錨點帶來的震撼，將引發「戰」或「逃」反應，讓對方失去思考能力，衝動行事。

接下來，一步步慢慢加至八五%、九五%，最後抵達一〇〇%的目標價，而且不要輕易加：先等對方再次出價，抛出數個校準型問題，看看能否誘使他們自己降價再說。

多次出價有幾種作用。首先，它們會引發人類的互惠心理，讓對方也想讓步。如同先收到聖誕卡片的人，比較可能回送，先碰到對方讓步的人，也更可能在價格上讓步。

第二，加價時，要愈加愈少。注意到了嗎？每次的加價，只有上次的一半。愈加愈少可以讓對方相信，他正在把你逼到不能退的地步。等他們拿到最終價格時，會覺得眞的把你榨乾了。

給對方勝利感，可以滿足他們的自尊心。研究人員發現議價時，相較於一次就拿到「公平」、沒有商量餘地的價格，成功殺價通常令人開心，就算因此多付錢，或是拿到比較少的錢，對方依舊心情比較好。

最後，有零頭的數字再度發揮威力。

先前在海地，我靠著艾克曼法狠狠殺價。十八個月間，我們每星期都會碰上兩、三起綁架案，因此依據經驗，我們知道贖金的市場價是每名被害人一萬五至七萬五美元。由於我是鐵漢，我把目標設定在每樁自己經手的綁票案，贖金要壓到五千以下。

我碰到的其中一樁案子特別值得講，也就是前文提到的第一個案子。我靠著艾克曼法，先用極端錨點殺得歹徒措手不及，再用校準型問題攻擊他們，接著慢慢給出愈來愈小的讓步，最後用一個怪數字結束殺價。我永遠忘不了，邁阿密的ＦＢＩ辦公室主任，在案件結束隔天打電話給我同事：「佛斯用四千七百五十一元贖出人質？究竟一塊錢差在哪裡？」

大家放聲大笑，的確，差那一塊錢很荒謬，但人性就是這樣。各位有沒有發現，兩美元的商品你買不下手，但買了一堆一．九九元的東西。差一分錢怎麼有差？沒差，但屢試不爽。就算我們知道那是行銷手法，還是喜歡一．九九元，不喜歡兩元。

房東說要漲房租後，還少付一點錢

我的喬治城大學 MBA 學生米什里（Mishary）租了一間房子，說好一個月租金一千八百五。八個月後，他接到壞消息：房東通知他，如果要續租，續十個月月租要兩千一，租一年要兩千。

米什里很喜歡目前的租屋處，覺得找不到更好的地方，但原本房租就高，再貴他也住不起。

米什里牢牢記住我們課堂上的口號：「準備爲成功之母。」他去調查附近的房價，發現其他類似的公寓，租金是一千八到一千九百五，不過屋況都不怎麼樣。他再次檢視預算，找出理想房租是一千八百三。

他要求和房仲坐下來談一談。

這事不好辦。

雙方見面時，米什里告訴房仲自己的情況。他很滿意那棟房子，而且永遠按時繳房租。如果被迫搬走，他會很難過，對房東來講也是壞消息，因爲將失去一個好房客。房仲點頭。

「我完全同意，」房仲說，「那就是爲什麼我認爲，如果能續租下去，對雙方來講都是好事。」

此時，米什里說出自己研究過後的結論，告訴對方附近的租金價格低出「許多」：「就算你們的房子地點和服務都比較好，**我怎麼有辦法多付兩百元租金**？」

談判開始了。

房仲安靜了好幾秒，接著說：「你說的對，但新房租依舊很划算。你剛才也提到，我們其實可以收得比別人貴。」

米什里拋出極端錨點。

「我完全了解，你們的地點與設施的確比較好，但很抱歉，我沒辦法。」他說，「**續租一年，一個月一七三〇元，聽起來公平嗎**？」

房仲大笑後表示，那個價格是不可能的，因爲遠低於市場價。

米什里並未就此展開討價還價，而是聰明地轉向校準型問題。

「OK，那請讓我了解：你們是如何訂出新價格？」

房仲沒說出什麼驚人答案，只說他們用那一帶的價格，視供給情況計算。不過這給了米什里機會主張，如果他搬走，房東將得冒公寓沒租出去的風險，而且還得花錢重新油漆。他指出：一個月沒租出去，就會損失兩千元。

接著，米什里再次出價。各位可能搖頭，米什里沒等房仲再次出價，自己就出了兩次價。沒錯，一般來講這是禁忌，但你可以即興發揮。如果覺得自己主導著談判，一次進兩、三步沒關係，不要讓規則打斷談判的流暢度。

「這樣吧，我再開高一點：十二個月，一七九〇元如何？」

房仲沒講話。

「先生，我了解您的考量，您的話很合理，」他說，「然而您開的數字實在太低。這樣吧，給我一點時間想一想，我們再約一個時間，好嗎？」

記住，任何不是斷然的拒絕，都代表有機會。

五天後，兩人再次見面。

「我算了一下，相信我，真的很划算，」房仲先開口，「我有辦法讓您租一年，每個月一九五〇元。」

米什里知道自己贏了，只需要再施一點力，因此他讚美對方，沒說「No」就拒絕。請留意米什里是如何精彩地貼上錯誤標籤，讓對方開口解釋。

「您人太好了，但我怎麼有辦法接受那個數字？我只要搬到幾個街區之外，就能繼續付一千八的房租。一個月多一百五十對我來說很吃力。您知道我是學生。我也不曉得，**感覺您似乎寧願冒險讓房子租不出去。**」

「不是那樣。」房仲回答，「但我無法開給您低於市價的數字。」

米什里刻意停頓，就好像房仲要從他身上榨出最後的每一分錢。

「這樣吧，我先前從一七三〇元，提高到一七九〇元，」他嘆了一口氣，「這次我願意提高到一八一〇元，我認爲這數字對我們兩個人都好。」

房仲搖頭。

「先生，這依舊低於市場價，我無法答應。」

米什里接著準備好提出最後一次的艾克曼法出價，沈默了一陣子後，他請房仲給他紙筆，在紙上亂算一通，假裝在努力逼自己。

最後，他抬頭看房仲：「我算了一下，我最多只能負擔一八二一九元。」

房仲大力點著頭，像是想讓腦袋理解那個數字，最後終於開口。

「哇，一八二一九元，」他說，「您似乎算得非常精確，您一定是學會計的（米什里可不是）。謝謝您願意和我們續約，我想我們可以用這個價格續租十二個月。」

成交！太精彩了，注意到了嗎？米什里用上了艾克曼法的遞減式加價，外加有零頭的數字，還做了功課，聰明貼上標籤，沒說「No」就拒絕。房東想漲每個月的房租時，就是要靠那種方法讓房租變便宜。

■本章重點回顧

情勢愈來愈緊繃時——談判總會走到這一步——各位會發現，桌子對面坐著一隻大白鯊。貼完標籤，做完鏡像模仿，問完校準型問題，拋出所有可以影響心理的工具後，見眞章的時刻到了。

對多數人而言，最後的大對決可不好玩。

然而，頂尖的談判高手知道，衝突通常會帶來好交易，因此都樂在其中。衝突會引出事實、創意與解答。所以，下一次各位和大白鯊談判時，別忘了本章教你的事。

■找出對方的談判風格。一旦知道他們是「變色龍」、「強硬派」，還是「分析師」，就知道該用什麼方式談。

■準備，準備，再準備。碰上壓力時，不要急著衝出去，而要快點做準備。設定好野心大但合理的目標，接著想好要運用哪些標籤與校準型問題，以及應對方式。上了談判桌，就能見機行事。

■做好挨一拳的準備。厲害的談判者通常會一開始就拋出極端錨點，故意讓人心慌意亂。如果沒做好心理準備，你會連掙扎都沒掙扎，就立刻開出自己的最高價格。請準備好閃躲的方法，不要掉進妥協陷阱。

■設下界限，學會不帶怒意地接招或回擊。你要解決的是狀況，不是談判桌對面的那個人。

■靠艾克曼法做好準備。一頭栽進討價還價前，先計劃好極端錨點、校準型問題，以及明確的出價。別忘了，是六五%、八五%、九五%與一〇〇%。愈加愈少，最後提出有零頭的數字，讓對方相信，他已經把你榨乾，真相則是你拿到理想數字。

第10章 發現黑天鵝

一九八一年六月十七日上午十一點半，氣溫二十一度，春日和煦，西風吹拂，與父母同住的三十七歲威廉．葛林芬（William Griffin），穿著鞋走出紐約羅徹斯特（Rochester）住家二樓臥室，走下通往明亮客廳的樓梯。

走到一樓時，他停下腳步，不發一語開了三槍，殺死自己的母親，正在貼壁紙的工人，重傷繼父。槍聲震耳欲聾。

接著，葛林芬步出家門，跑向兩個街區外的證券信託銀行（Security Trust Company），一路上又開槍射傷一名工人與兩名路人。他一進入銀行，人人奪門而出，他抓住九名銀行行員當人質，要其他人離開。

接下來三個半小時，葛林芬與警方、FBI探員展開激烈對峙，開槍射傷接到銀行無聲警報後趕至現場的頭兩名警員，接著又對著六個恰巧經過的路人開槍。葛林芬開了太多槍，一共射了超過一百輪，警方在搶救一名同仁時，不得不用垃圾車當掩護。

葛林芬在下午兩點半，把九名銀行行員趕進一間小辦公室，要經理打電話給警方報信。

羅徹斯特警員吉姆・歐布萊恩（Jim O'Brien）接起電話時，FBI探員克林特・凡詹特（Clint Van Zandt）正在銀行外頭待命。

銀行經理一邊流眼淚，一邊念出訊息：「你們三點整到銀行前門，跟他在停車場開槍決鬥，不然他會開始殺人質，把屍體一個一個丟出去。」

接著電話被切斷。

在過去，美國從來不曾有綁匪真的在最後期限殺死人質，最後期限永遠只是要讓大家認真聆聽的手段；誰都知道，歹徒真正想要的是錢、尊重與直升機。**已知的已知**（known known）永遠不會變，是鐵一般的事實。

然而那個永遠不會變的事實即將改變。

接下來發生的事，展現出黑天鵝的力量。黑天鵝是出乎意料的隱藏資訊，是**未知的未知**（unknown unknowns）。一旦找出那樣的資訊，談判將就此翻盤。

如果要讓談判出現重大突破，讓情勢導向我們這一方，我們得找出黑天鵝並加以運用。

方法如後。

在「預料中的無法預期」之中，找到槓桿力量

下午三點整，葛林芬要二十九歲的人質瑪格麗特・摩爾（Margaret Moore），走到銀行玻璃窗前。嚇壞的摩爾只能照做，她哭喊自己是單親媽媽，兒子年紀還小。

葛林芬似乎沒聽見摩爾說的話，也或者不在乎。哭哭啼啼的摩爾一走到大廳，葛林芬就用口徑十二的霰彈槍開了兩槍，正中摩爾腹部，她整個人被子彈的威力射穿到玻璃窗外，屍體幾乎斷成兩截。

外頭的執法人員震驚到鴉雀無聲。顯然葛林芬要的不是錢，不是尊重，也不是逃跑。讓他出來的唯一辦法是屍袋。

接著，葛林芬走到銀行一扇落地窗前，身體壓在玻璃上，整個人暴露在對街教堂的狙擊手視線內。葛林芬很清楚那裡有狙擊手，因爲稍早之前，他曾開槍射過對方。

葛林芬的身影一出現在準星內，狙擊手立刻扣下扳機。

葛林芬癱倒在地，命喪黃泉。

黑天鵝理論告訴我們，世上的確會發生先前被視爲不可能的事——或是根本想都沒想到的事。黑天鵝並非發生機率小到百萬分之一的事，而是完全超乎所有人的想像。

「黑天鵝」的概念，在風險分析專家納西姆．尼可拉斯．塔雷伯（Nassim Nicholas Taleb）出版暢銷書《隨機騙局》（*Fooled by Randomness*, 2001）[1]與《黑天鵝效應》（*The Black Swan*, 2007）[2]後，人人朗朗上口，不過這個詞彙其實歷史悠久。十七世紀前，人們只有辦法想像白天鵝，因爲大家只看過這款天鵝。十七世紀時，倫敦民眾稱不可能發生的事爲「黑天鵝」。

然而接下來，荷蘭探險家威廉．德伏拉明（Willem de Vlamingh）在一六九七年抵達西澳，在當地看到黑天鵝。突然間，難以想像、沒人想過的事成眞了。人們永遠預測下一隻會出現的天鵝是白色，但黑天鵝粉碎了那樣的世界觀。

當然，黑天鵝是一個隱喻。各位可以回想一下珍珠港事件、網路的興起、九一一事件，以及近日爆發的銀行金融危機。

沒人預測到前述事件，但事後回想起來，其實都有跡可循，只是大家沒留心。

塔雷伯筆下的黑天鵝，象徵著依據過往經驗做預測的無用性。黑天鵝是超出一般預期的事件或知識，也因此無法預測。

黑天鵝是談判的關鍵概念。每一場談判，都涵蓋各種不同資訊。有些事我們知道，例如談判對手的姓名，他們開出的條件，以及我們自己過去的談判經驗。那些是**已知的已知**。還有一些事，則是我們確定存在、但不曉得會不會發生的事，例如另一方的談判代表可能生病，換另一個人上場。那種事叫**已知的未知**（known unknowns），就像撲克牌的萬用牌，你知道它們存在，但不曉得在誰手中。然而，最重要的是我們不知道自己不知道的事，也就是我們從未想像過、但一旦出現將翻轉局勢的資訊，例如說不定另一方希望談判破局，因爲他想和我們的競爭者合作。

這種**未知的未知**就是黑天鵝。

當時負責葛林芬事件的凡詹特探員，以及老實講，整個FBI，大家的行動完全受**已知的已知**引導，看不見線索，沒發現無法預測的因素正在起作用。大家對眼前的黑天鵝視而不見。

凡詹特幫了整個執法界一個大忙，他在上寬提科的訓練課程時，在我與擠滿會議室的探員面前，重建當年那個駭人的六月天。那堂課介紹「借警察之手自殺現象」（suicide-by-cop phenomenon），也就是刻意製造危機情勢，故意引執法部門擊斃犯案者。不過，葛林芬事件還有更重大的啓示：不管是過去或現在，我們一定得找出預期之外的事，以免人質摩爾的憾事再度發生。

一九八一年六月案件發生那天，歐布萊恩警員一直試圖打電話進銀行，但每次接電話的行員都匆忙掛掉。此時執法部門就該意識到，眼前的局勢超出已知。挾持人質的歹徒永遠愛講話，因爲他們永遠會開條件，永遠希望有人聽他們講話、尊重他們、付他們錢。

葛林芬卻不一樣。

對峙進行到一半時，一名警員走進指揮中心，報告幾個街區外，兩人被殺，一人嚴重受傷。

凡詹特當時問：「我們需要知道這件事嗎？兩起案件有關聯嗎？」沒人知道答案，也沒人及時找出答案。如果當時有人去查凡詹特問的問題，就會發現第二隻黑天鵝：葛林芬一毛錢都沒要，就已經連殺數人。

幾小時後，葛林芬要求人質在電話上，對警方念出聲明。奇怪的是，那個聲明沒要求任何東西，只是長篇大論講述葛林芬的一生，以及他這輩子受過的委屈。那篇聲明冗長又雜亂無章，沒被念完，也因此其中一句重要的話——另一隻黑天鵝——大家都沒聽到：

「……在警方取走我的性命之後……」

由於當時沒人發現這幾隻黑天鵝，凡詹特與其他同仁從未識破眞相：葛林芬想死，希望假借警方之手自殺。

FBI以前沒碰過這種事——與執法人員約好時間展開槍戰？因此，FBI試圖靠從前發生過的事來解釋這個資訊，套用舊模板，不停在想，歹徒究竟想要什麼？當時FBI還以爲，葛林芬只是想嚇嚇大家，接著就會拿起電話展開對話，沒有人會在期限到的時候殺掉人質。

衆人是這麼以爲的。

找出「未知的未知」

紐約羅徹斯特一九八一年六月十七日那天下午三點發生的事，讓我們知道，要是案件的線索拼不起來，通常是因爲我們參考了錯誤框架；我們必須拋棄原本的假設，否則線索永遠對不起來。

每一個案子都是全新的案子。我們不得不靠自己知道的事——**已知的已知**——引導自己，然而不能因此對不知道的事視而不見；一定要保持彈性，隨**機應變**；我們永遠得維持新手心態，不能過度倚賴過去的經驗，也不能低估在每一個要面對的情境中，每分每秒隨時出現的資訊與現場情緒。

不過，以上並非那場悲劇事件唯一的重要啟示。如果說過度依賴**已知的已知**會綁住談判人員，讓他們無法完整看見、聽見現場情況透露的資訊，或許更願意接受**未知的未知**心態，將能讓同一位談判人員，得以看見、聽見能帶來重大突破的線索。

我自從聽完一九八一年六月十七日的故事，便知道得完全改變自己從前的談判方式。我開始假設，在每一場談判，每一方手中都至少握有三隻黑天鵝。那三個資訊要是被另一方找到，一切將就此翻盤。

我之後的經驗也證實的確如此。

我得告訴各位，我不只是小小調整了一下談判技巧而已。我把自己的公司命名爲「黑天鵝」，並用「黑天鵝」象徵公司採取的談判法，絕非偶然。

若要找出黑天鵝，運用黑天鵝，前提就得是改變心態，讓談判從你走一步，我也走一步的線性下棋思維，變成一場三度空間遊戲，把人的情緒納入考量，靠直覺隨機應變……最後大獲全勝。

當然，找出黑天鵝絕非易事。某種程度上，我們都是睜眼瞎子。一直到眞相揭曉前，我們都不曉得轉角有什麼東西等著我們。如果知道，就不叫「不知道的事」。

那也是爲什麼我說，如果要發現黑天鵝的蹤跡，首先得改變心態，不能老是走舊路，得多擁抱直覺，還要仔細聆聽。

不論是談判人員、發明家、行銷人員，各行各業都一樣。我們不知道的事，會害人丟了性命，或是丟掉協議。然而，要找出不知道的事非常困難，首先最基本的就是大家不曉得該問顧客、使用者……或是談判的另一方什麼問題。得用正確方式詳細詢問，否則多數人不會吐出我們要的資訊。這個世界並未告訴賈伯斯（Steve Jobs）人類需要 iPad：賈伯斯自己發現黑天鵝，發現世人的需求，原先我們不曉得自己要什麼。

麻煩的地方，在於傳統的詢問方式與調查方法，目的是確認已知的已知，以及減少不確定性，並未深入挖掘未知數。

談判永遠受限於「有限的可預測性」。另一方可能告訴我們：「那個地方風景不錯」，但忘了提那塊地被列入美國有毒廢棄物存放地（Superfund）。人們會說：「鄰居吵不吵？嗯，每個人或多或少都會發出一點聲音，對吧？」然而眞相卻是每晚都有重金屬樂團在練習。

最能挖掘、配合與利用未知數的人，將是最後的贏家。

若要找出未知的事，我們得詳細詢問許多事，努力追問，然後仔細聆聽答案。提問大量問題，解讀對方身上的非語言線索，永遠提出自己的觀察。

前述這段話，並未超出本書目前爲止提過的原則，只不過要再更集中精神、更依靠直覺一點，摸索幌子背後的事實，留意小小的停頓代表著不安與謊言。不要先有假設，然後才尋找符合預期的事。那麼做，只會找到自己想找到的事。我們一定得敞開心胸，看見眼前的事實。

那就是爲什麼我的公司改變傳統準備談判的方法。不論團隊事前做了多少功課，我們永遠會問自己：「爲什麼對方想溝通現在正在溝通的事？」記住，談判比較像走鋼索，而不是在和對手競爭。把太多注意力擺在最終目標，只會干擾要踏出的下一步，你可能因此摔下鋼索。請把注意力放在下一步，因爲只要踏完每一步，鋼索自然通往終點。

大多數人以爲，黑天鵝是藏得好好的、被嚴密保護的資訊。然而事實上，看似完全無關緊要的資訊，可能才是黑天鵝，只是雙方渾然不覺那個資訊的重要性。另一方的手上，永遠握有自己不曉得價值的資訊。

三種槓桿

我會再回頭談找出黑天鵝的方法，不過首先解釋一下，爲什麼相關技巧威力無窮。

答案是「槓桿」。黑天鵝可以讓槓桿力量加乘，帶來優勢。

談判專家常提到「槓桿」這個關鍵詞彙，但很少深入解釋，這裡有必要先說明一下。

理論上，槓桿是指有辦法造成損失，以及阻止他人得利的能力。談判的另一方想得到什麼？害怕失去什麼？只要找出這些資訊，就有辦法影響對方的感受、行動與決策。現實生活中，我們的非理性觀感就是我們的現實，究竟是「得」，還是「失」，很難講，槓桿實際上造成什麼作用，其實不重要；眞正重要的，是人們認定我們能影響他們什麼事。因此，我常說槓桿永遠存在，因爲基本上槓桿和人的情緒有關。不管實際上有沒有槓桿，都可以創造出來。

另一方如果願意開口，我們就有槓桿力量。綁架案中，誰有槓桿力量？是歹徒？還是被害人家屬？大部分的人認爲槓桿力量全在綁匪手中。當然綁匪手中握有你的心頭肉，但你也有他們很想要的東西。雙方手中的東西，哪一個可以發揮比較大的力量？此外，綁匪想賣的商品，有多少買主？哪種生意可以只靠一個買主？

槓桿力量牽涉「時間」、「必要性」與「競爭」等衆多因素。如果你**需要現在就賣掉房子**，你手中的槓桿力量，不如慢慢賣也沒差的時候。如果**想要**賣房子，但不必賣，你的槓桿力量也比較大。此外，如果好多人開價搶你的房子，那眞是恭喜了！

這裡要提醒大家，「槓桿力量」和「權力」是兩回事。唐納・川普（Donald Trump）財大勢大，但要是被困在沙漠，放眼望去只有一家店賣他需要的水，那麼槓桿力量絕對在老闆手上。

各位可以把槓桿力量想成在各方之間流動的液體。談判時，永遠要留心當下哪一方覺得要是談判破局，他們將損失最多東西。覺得自己會失去最多、最害怕失去的那一方，手中的槓桿力量最少。愈沒什麼好失去、愈不怕失去，力量最大。如果要獲得槓桿力量，你得讓對方相信，要是談判破局，他們會有損失。

槓桿有三種：正面槓桿（Positive）、負面槓桿（Negative）、道德槓桿（Normative）。

正面槓桿

正面槓桿很簡單，就是談判時，你能夠提供——或扣住——對方想要的東西的能力。每當有人講「我要……」，例如「我要買你的車」，此時你便擁有正面槓桿。

別人說出那句話時，力量在你手中：你可以讓他們美夢成眞，也可以讓他們痛苦，求之而不可得。此外，你可以利用對方的欲望，談出更好的條件。

舉例來說：

你宣布要賣公司三個月後，終於有人說：「我想買。」你很興奮，然而幾天後，快樂變成失望，因爲對方出了一個低到羞辱人的價格，然而只有他一個人說要買，此時該怎麼辦？

最好的情況，是你有辦法聯絡其他買主，就算不是認眞的買家也沒關係。如果有的話，你可以利用別人的出價，製造出競爭感，展開競價戰爭，至少可以迫使大家做出選擇。

然而，就算沒其他人要買，或是表達興趣的買主是你的第一選擇，對方透露出購買欲望後，你手中的力量依舊增多，掌控著對方想要的東西。那就是爲什麼有經驗的談判人員會拖延出價時間——他們不想放棄槓桿力量。

正面槓桿會在談判過程中，讓你的心更踏實，從自己有求於投資者，變成彼此都想從對方身上得到東西。

各位得到正面槓桿後，接下來可以試著找出對方還想要哪些東西。也許他希望漸漸收購你的公司。如果他願意加價，你願意幫他一把。或許對方出的價，已經是他所有的財產，你協助他取得他要的東西（你的公司）的方法，是告訴他那個價格只能買下七五％的股份。

負面槓桿

一般人聽見「槓桿」兩個字，心中想到的大都是負面槓桿，也就是談判者讓對手不舒服的能力。此外，負面槓桿靠的是威脅。如果你能告訴另一方：「如果你不履約／付錢／……我就毀掉你的名譽」，那麼你擁有負面槓桿。

這一類的槓桿會讓人專心聆聽的原因，在於前文提過的損失規避。談判高手很早就知道，心理學家也一再證實，人們害怕潛在損失的程度，大過享受潛在的好處。想到能談成好生意，或許能讓我們願意冒險，然而讓聲譽免於受損，則是更強大的動機。

我們要找什麼樣的黑天鵝當負面槓桿？談判高手會尋找通常是被間接透露出來、可以得知另一方重視哪些事的資訊：對方的聽眾是誰？對他們來說，什麼代表著地位與名聲？他們最擔心什麼事？如果要找出這類資訊，一個方法是離開談判桌，去和認識你的談判對象的第三方聊聊，不過最有效的資訊蒐集法，則是直接和談判對象互動。

儘管如此，我要提醒大家一件事：我不認為直接威脅另一方是好事，就算只是相當委婉地使用負面槓桿，都得極度小心。威脅就像核彈，爆炸後，就會留下難以清除的有毒殘留物。各位得小心處理潛在的後果，要不然會傷到自己，還會破壞或炸掉整場談判。

如果逼對方吞下負面槓桿，對方會覺得你奪走他們的自主權。人們通常寧願死，也不願意放棄自主權。最輕微的後果是他們做出不理性的行爲，終止談判。

巧妙一點的手法，則是標籤手中的負面槓桿，不攻擊對方，但表明優勢，例如「您似乎非常重視永遠準時拿到費用」，或「您似乎不在乎您讓我處於什麼境地」等句子，可以開啓眞正的談判。

道德槓桿

每個人心中都有一套準則與道德觀。

道德槓桿是指利用對方的道德標準，助自己一臂之力。如果你能指出對方的作爲不符合他們自己的信念，你就擁有道德槓桿。沒人想被看成僞君子。

舉例來說，如果對方不小心講出自己在收購公司時，一般會付現金流的某個倍數，你可以靠反映出那套估價法的方式，設定自己的目標價。

找出道德槓桿黑天鵝，有時很簡單，只需要問另一方相信什麼，接著敞開心胸聆聽。找出對方說什麼語言，然後用那種語言與他們對話，就能成功。

了解對方的宗教

二〇〇三年三月，我率領團隊和一名農夫談判。他是九一一事件發生後，最令人跌破眼鏡的恐怖分子。

一切得從德懷特．華生（Dwight Watson）這個人說起。華生是北卡羅來納州種植菸草的農夫，他把一台強鹿牌（John Deere）曳引機，綁在吉普車後頭，掛上標語和倒掛的美國國旗，一路拖到華盛頓特區。他認爲政府的政策害菸農活不下去，他要抗議。

華生抵達華府，把曳引機拖到華盛頓紀念碑與越戰紀念碑中間的水池，威脅要用曳引機上的「有機磷」炸彈，炸掉那一區。

華府立刻進入戒備狀態，警方封鎖林肯紀念堂到華盛頓紀念碑之間八個街區。當時離華盛頓狙擊手攻擊事件（Beltway sniper attacks）落幕，只有幾個月時間，美國又正在集結軍力，準備打伊拉克戰爭，華生居然輕輕鬆鬆就造成華府一團混亂，嚇壞衆人。

華生在手機上告訴《華盛頓郵報》，就算得犧牲自己的性命，他也要讓大家看到，減少補助會害死菸農。他告訴《華盛頓郵報》，是上帝要他來抗議，他不會離開。

「如果美國就是這樣治理國家，那就下地獄吧。」華生說，「我不會投降，他們可以轟死水池裡的我，我準備好上天堂。」

FBI把我部署在國家廣場上一台經過改造的露營車上，我在車上指導FBI探員與美國公園警察（U.S. Park Police）組成的團隊，想辦法讓華生不要害死自己，以及天知道他會害死其他多少人。

我們開始談判。

有人威脅毀掉美國首都重點區時，各位可以想見那種談判緊張萬分。神槍手瞄準華生，他們得到命令，萬一這個人做出什麼瘋狂舉動，可以直接射殺。

不論是什麼類型的談判，我們有多會「說」，永遠不如我們有多會「聽」重要，千鈞一髮的談判尤其如此。說服另一方的先決條件是了解他們，接著提出他們會有共鳴的選項。談判分爲看得見的談判，以及所有藏在表面底下的事

（黑天鵝所在的隱密談判空間）。

如果要找出那個祕密空間，方法通常是了解另一方的世界觀，他們活著的理由，他們的宗教信仰。挖掘談判對象的「宗教」（有時與上帝有關，有時無關），意思是我們得超越談判桌上的議題，進一步了解對方的人生，找出他們的感受與其他大小事。

了解對方的世界觀後，就能影響他們。那就是爲什麼我們和華生談的時候，我把所有精神都放在找出他是誰，而不是用邏輯說服他投降。

就這樣，我們得知華生覺得日子愈來愈難過。他有一塊一千兩百英畝的菸草田，他的家族已經經營那塊地五個世代，但旱災造成產量銳減一半，他覺得活不下去，決定到華盛頓特區抗議。華生要的是關注，我們因爲知道他想要什麼，手中握有正面槓桿。

華生還說，自己是退伍軍人，而退伍軍人是有原則的人。這類型的話要仔細聆聽，道德槓桿就藏在裡面。華生告訴我們，他願意投降，但不能立刻投降。他在一九七〇年代，是第八十二空降師（the 82nd Airborne）憲兵，軍隊告訴他，如果被困在敵營，援軍未在三天內抵達，可以光榮撤退，但提前離開算逃跑。

這下子我們知道華生的明確規則。此外，他願意投降這點，也顯示他雖然號稱不惜一死，其實想活。進行人質談判時，要判斷的第一件事，就是在對方想像中的未來，他們自己是否會活下去。華生已經表明他想活。

我們利用這個資訊——這是負面槓桿，因爲我們可以奪走華生要的東西：性命——再加上他希望別人聽他說話的正面槓桿，著手努力。我們向華生強調，他已經登上全國新聞，如果想讓大家聽見他的話，他得活著。

華生很聰明，知道自己可能眞的無法活著回家，不過也遵守軍人的榮譽原則。他自身的欲望與恐懼，同時帶來正面與負面槓桿，不過正、負槓桿的力量，都不如他一生遵守的原則。

我很想等到華生自己投降的第三天，不過大概無法等那麼久。每過一小時，氣氛就又更緊繃一些。華府處於封鎖狀態，我們有理由相信華生握有炸彈。他只要踏錯一步，突然間抓狂，狙擊手就會擊斃他。他已經數度爆發怒氣，因此每過一小時，他的性命就更危險。他可能害自己被殺。

然而，我們完全不能提到這件事，不能威脅要殺他，這招絕對行不通。這種情形叫「力量悖論」（paradox of power）──愈用力相逼，遇到的阻力就愈大。不到萬不得已，不要使用負面槓桿，就是這個原因。

儘管如此，時間不多了，我們得加快腳步。

但要怎麼做？

接下來發生的事，完美示範了靠認眞聆聽，了解另一方的世界觀，將可揭曉讓情勢翻盤的黑天鵝。華生並未直接說出我們需要知道的事，但我們靠著仔細聽，發現一個足以解釋華生提到的每一件事的隱藏事實。

隊上的ＦＢＩ探員維妮．米勒（Winnie Miller），一直仔細聆聽華生透露的蛛絲馬跡。大約在三十六小時後，她把頭轉向我。

「這個人是虔誠基督徒，」米勒告訴我，「告訴他，明天是第三天的黎明。基督徒相信，耶穌基督在那一天離開墓穴，飛升至天堂。如果耶穌在第三天黎明離開，爲什麼華生不行？」

這一招精彩運用了深入聆聽法。米勒靠聽出華生的潛台詞，再加上掌握他的世界觀，讓華生知道我們不只聽，還聽懂了。

如果我們理解的潛台詞沒錯，華生就能光榮結束對峙，覺得自己投降的對象尊重他這個人、尊重他的信仰。

靠另一方用於決策的世界觀，提出我們的要求，是在表現尊重，對方會因而聽進去並產生效果。理解對方的宗教，不只是爲了得到道德槓桿，而是爲了全盤理解對方的世界觀，以華生的例子來講，他的世界觀建立在他信仰的宗教。談判另一方的世界觀可以讓我們知道，下一步究竟該怎麼做。

利用另一方的宗教非常有效的原因，主要在於宗教是一種權威。對方的「宗教」，是指市場、專家、上帝或社會認定的公平正義（看他們信什麼），而人們一向服從權威。

談判團隊接下來和華生對談時，提到隔天早上是第三天的黎明。電話那頭是一陣長長的沈默，談判運作中心安靜到可以聽見隔壁同仁的心跳聲。

華生咳嗽。

「我會出來。」他說。

他說到做到，結束四十八小時對峙，不僅救自己一命，也讓美國首都回歸正常。

最後沒有找到炸彈。

華生的故事，應該足以解釋「理解他人宗教」的重要性，不過要正確解讀的話，這裡教大家兩個訣竅：

■回顧聽到的每一件事。我們不會在第一次聽的時候，就聽見每一件事，因此要回頭檢視。和組員交換筆記後，通常會因此發現讓談判出現突破的新資訊。

■多找一些人幫忙聽，他們唯一的任務，就是聽出言外之意，找出我們漏掉的東西。

換句話說：聆聽，再聆聽，然後再多聽一點。

好了，剛才提到完整聆聽對方的「宗教」——一隻巨大黑天鵝——可以帶來道德槓桿，讓談判有結果。接下來再多教各位幾招，讓懂得對方的「宗教」帶來更多好處。

物以類聚

社會科學家所做的研究，證實了談判人員老早就知道的事：人們覺得對方是同類，感到熟悉時，會更加信任對方。

人們信任「內團體」（in-group），尋求歸屬感是人類的基本直覺，一旦能促發那種直覺，讓別人覺得：「噢，我們用相同的方式看世界」，就能立刻擁有影響力。

另一方展現出與我們類似的態度、信念、想法——甚至是穿衣風格時——我們一般會更喜歡與信任對方。光是膚淺的類似，就能增進和諧氣氛，例如雙方參加同樣的社團，或是畢業於同一間學校。

那也是爲什麼在許多文化中，談判人員還沒想好條件要怎麼開之前，會先花很多時間建立和諧氣氛。談判雙方都知道，互動時獲得的資訊，將是談判能順利進行、取得槓桿力量的重要推手。這有點像是狗兒會在彼此身邊繞來繞去，聞一聞對方的臀部。

有一次，我和俄亥俄州一位執行長商談提供諮詢服務的事，結果「同類」的概念扮演了重要角色。

那位執行長講話時，一直提到基督徒重生的概念，還一直猶豫不決該不該帶上自己的顧問。顧問顯然讓他頭大，他甚至提到：「沒人了解我。」

聽到那句話的瞬間，我開始絞盡腦汁，想著怎麼樣可以用基督徒的詞彙摘要他的話。後來想到，教會的人常用一個詞彙，形容個人必須以誠實、負責、扛起責任的態度，管理好自己、世界，以及上帝的產業。

「對您來說，這眞的是在盡當上帝好管家的責任，對不對？」我說。

執行長的聲音立刻洪亮起來。

「沒錯！你是唯一懂我的人。」他說。

說完那句話後，執行長立刻雇用我的公司。我因爲表現出理解他的人生觀，營造出我們是同類的感受，給他歸屬感，才順利成交。我建立「同爲基督徒」感受的瞬間，我們兩個人是一體的，原因不光只是彼此有相似之處，而是點出兩人相像的那個瞬間，對方感到有人理解自己。

希望與夢想的力量

一旦知道對方的宗教，設想他們在人生中眞心想得到的東西，就能靠著他們心中的嚮往，讓他們追隨你。

每一名工程師，每一位主管，每一個孩子——我們全都想相信，自己有辦法做大事。我們還小的時候，每天夢想長大後，將在重要時刻，扮演重要角色，成爲榮獲奧斯卡獎的演員，或是投出制勝一球的運動員。然而長大後，父母、老師、朋友總是嘮叨我們什麼不能做、什麼不該做，而不是我們能做到什麼。我們開始失去信念。

如果有人對我們從小到大的夢想展現出熱情，還教我們如何圓夢，萬事萬物便突然充滿無限可能。我們全都渴望得到通往快樂的地圖，有人站出來替我們畫出路線圖時，我們自然會跟隨。

因此，只要找出別人尚未實現的壯志，對他們的目標展現出熱情，相信他們能做到，就能發揮影響力，讓對方想追隨。

泰德．李昂西斯（Ted Leonsis）是提供夢想的大師。他是職業籃球隊「華盛頓巫師」（Washington Wizards）與職業曲棍球隊「華盛頓首都」（Washington Capitals）的老闆，永遠在談要創造出不朽的運動時刻，讓人們對著兒孫津津樂道。誰會不認同要讓自己不朽的人？

給個該做的理由

研究顯示，要別人做事時，如果帶著請求的語氣，而且給個原因，對方會更願意答應。

哈佛心理教授艾倫．蘭格（Ellen Langer）與同仁在一九七〇年代晚期，做過一項著名研究[3]，他們問排隊用影印機的人，可不可以讓他們插隊。有時給原因，有時沒給。實驗最後得出驚人結果，沒給原因時，六成的人會讓別人插隊，但要是給個理由，超過九成的人願意，而且就算是毫無邏輯的理由也可以

（光是說：「不好意思，我有五頁要印，可以插隊嗎，因為我有東西要印？」就可以了）。只要有理由，人們就願意接受。

影印插隊這種小事，給個莫名其妙的理由就足夠。如果是較為複雜的議題，則可以靠提到對方的宗教，增加成功的機會。要是剛才提到的基督徒執行長答應雇用我的公司時，卻開出低到離譜的價格，我可能會回他：「我很想答應，不過我對於自己的產業，也有當好管家的義務。」

那不叫瘋，那叫線索

人類天生不喜歡未知的東西，容易心生恐懼。碰到不懂的東西，就假裝沒看到，避之唯恐不及，或是給個標籤，認為那件事是胡說八道。談判時，最常見的相關標籤是：「他們瘋了！」

那就是為什麼我不是很贊成美國的部分人質談判政策——我們不與通稱為「恐怖分子」的人談判，包括塔利班（Taliban）與伊斯蘭國（ISIS）。

CNN國安分析師彼得・卑爾根（Peter Bergen）精準抓到美國不談判的邏

輯：「和自大妄想的宗教狂熱者談判，一般而言不會有好結果。」

所以我們怎麼做？我們選擇**不去**了解對方的宗教、對方的狂熱、對方的妄想，不去做不會有好結果的談判，只是聳個肩說：「他們瘋了！」

然而那是完全錯誤的觀念。我們一定得弄懂對方究竟是怎麼回事。我會這麼說，不是因爲我是呆頭呆腦的反戰者（ＦＢＩ不會雇用這種探員），而是因爲我知道如果要找出另一方的弱點，進而發揮影響力，最好的辦法就是理解對方，不和對方談的話，不可能獲得那方面的資訊。

只要是人，免不了冒出「他們瘋了！」的念頭。不論是父母管教小孩，國會討論議案，或是公司談判，所有類型的談判都一樣。

然而，我們最想雙手一攤放棄，大喊「他們瘋了！」的時刻，通常也是找到翻盤黑天鵝的最佳時機。聽見、看見不合邏輯的事物時——「瘋狂」的事——就是在那種時候，一條關鍵岔路出現在眼前：我們可以往前推進，深入原本無法前進的道路；或是選擇另一條路，那條保證失敗的路，那條我們告訴自己再談也沒用的路。

哈佛商學院教授馬哈特拉與麥克斯・貝瑟曼（Max H. Bazerman）在精彩的《談判天才》（*Negotiation Genius*）一書中[4]，談到談判者誤認另一方是瘋子的常見原因，接下來我想在這裡介紹一下。

錯誤＃1：對方資訊有誤

對方之所以瘋，通常是因爲他們依據錯誤資訊採取行動。錯誤的資訊，將帶來有問題的選擇。電腦產業有一句話很能形容這種情況：「垃圾進，垃圾出」（GIGO: Garbage In, Garbage Out）。

馬哈特拉教授舉了一個例子：他某個擔任主管的學生和前員工起糾紛，前員工號稱自己被炒魷魚之前，公司還欠他十三萬美元佣金，威脅要打官司。

這名主管覺得奇怪，跑去找公司會計，接著發現問題：那名員工被解雇時，公司帳目一團亂，但後來整理好。會計向他保證，整理過後的帳目顯示，那名員工事實上還欠公司兩萬五。

主管很想避免訴訟，他打電話給前員工，解釋情況，提議要是對方肯撤告，兩萬五就不用還，然而出乎意料，那名員工還是堅持要告，眞是個不理性的瘋子。

馬哈特拉教授告訴自己的學生，問題不在於對方瘋了，而是對方缺乏資訊，而且不信任公司。因此，他的學生找來外部會計事務所，並把查帳結果寄給那名員工。

結果如何？那名員工撤告。

此處的重點是依據不完整的資訊行動的人，在擁有不同資訊的人眼中，看起來像是瘋了。如果在談判中碰到這樣的人，我們的任務是找出對方不知道的事並提供資訊。

錯誤＃2：對方心有餘而力不足

另一方如果搖擺不定，很可能有難言之隱。再理智的談判對象，如果有苦衷，也會看起來不太理性。他們可能因爲法務上的考量，或是先前做過其他承諾，或甚至只是爲了避免立下先例，而無法做到某些事。

也或者實情很簡單：他們根本沒有下談判決定的權力。

我一個客戶就是碰上最後一種情形。

我客戶是行銷公司的人員，想爭取可口可樂這個客戶，已經和對方談了好幾個月，然而到了十一月還沒敲定，擔心要是無法在年底前講好，再接下來就得等可口可樂擬好新一年的預算，這個客戶可能就這樣沒了。

問題在於負責和我客戶聯絡的人，突然間音訊全無。因此，我們教他寄從來不曾失敗、一定能讓對方回信的問句：「你們已經放棄在今年敲定協議了嗎？」

然而，怪事發生了。可口可樂的聯絡人並未回應這封絕對有用的電子郵件。發生什麼事了？

表面上看起來，這種結果不符常理，先前那位負責聯絡的先生，也不是會避不見面的人。我們告訴客戶，這只代表一件事：對方的確放棄在年底前敲定協議，但不想承認，其中一定有隱情。

因此，我們要客戶探聽狀況。他打了一堆電話，寄了一堆信之後，找到一個認識聯絡人的人。我們猜對了：對方的部門已經亂了好幾個禮拜，聯絡人在公司的政治鬥爭中完全失勢。這種事很難啓齒，他一直迴避我客戶，爲的就是這個原因。

簡單來講，他心有餘而力不足。

錯誤＃3：對方心中有其他盤算

回到前文葛林芬的例子，也就是史上第一個最後期限一到就殺害人質的兇手。

現場的FBI與警方談判人員，不曉得葛林芬要的其實不是拿錢放人，而是借警方之手自殺。要是當時負責的人員知道內情，或許能避免那天的慘劇。

對方心中另有盤算的情形，比我們以爲的常見。對方之所以拒絕我們的條件，常和條件本身無關。

客戶可能拖著一直不買產品，原因是他們希望在年底結算後，帳單才會到，好增加自己升官的可能性。員工可能在即將發放獎金時，退出對事業有利的專案，原因是他發現同事領到更多錢。對於那位員工來講，公平的感覺比錢重要。

不管實情是什麼，這些人不是在做不理性的事，而是他們有我們不知道的需求與欲望，他們只不過是依據自己的標準在看世界，而我們的任務就是找出那些黑天鵝。

談判的另一方並非不理性，只不過他們得到錯誤資訊，也或者心有餘而力不足，或是另有我們不知情的私人考量。知道有這些可能性之後，就多出很多施力點，談判會變得更具效率。

接下來幾種方法，可以協助各位找出威力強大的黑天鵝：

面對面

我們人不在現場時，很難找到黑天鵝。

不管事先做了多少功課，有些事得等到和對方面對面坐下之後，才可能知道。

今日很多年輕世代的人，什麼事都用電子郵件聯絡，現代做事的方法就是這樣。然而，我們很難從電子郵件中找出黑天鵝。原因很簡單，就算我們巧妙利用標籤與校準型問題動搖對方，電子郵件這種溝通媒介給對方太多思考時間，他們有辦法再度穩住陣腳，不透露太多資訊。

此外，說話語調帶來的效果，在電子郵件中派不上用場，我們也無法從對方的回信，讀出對方的非語言線索（別忘了七／三八／五五法則）。

讓我們回到剛才可口可樂的例子。我的客戶努力在聯絡人身上下工夫，結果卻發現對方失勢了。

我的客戶要能和可口可樂簽下合約的話，唯一的辦法，就是讓聯絡人承認自己已經幫不上忙，把他轉給這下子能做決定的高層。然而，對方不可能做那種事，因爲他依舊幻想自己還是重要人物。

因此，我建議客戶邀對方到可口可樂大樓以外的地方。「你得請他吃晚飯，告訴他：『我請你去你最愛的牛排館，好好享受一下，聊一聊，不要談公事如何？』」

請吃飯的原因是，不管對方無聲無息的原因是什麼——他可能覺得丟臉，或是討厭我客戶，或者就是不想談這件事——直接的人際互動是唯一能打破僵局的方法。

就這樣，我客戶請對方吃晚餐，而且遵守諾言，不談公事，不過還是免不了提到合約的事。由於我客戶提供了面對面的互動機會，對方坦承自己不再適合當聯絡人，部門目前一團亂，得把事情移交給其他人。

對方的確把我客戶轉給別人。我客戶花了超過一年時間才簽到約，不過還是成功了。

留意沒有防備的時刻

雙方見面時，如果是正式的公司會議，或是事先計劃好的會面或談判場合，通常這類型的面對面，無法挖到太多資訊，因爲那是人們最防備的場合。

尋找黑天鵝最有效的時機，將是對方不設防的時刻，例如我客戶和可口可樂聯絡人吃飯，或是正式互動前後的短暫休息時間。

在一般的公司會議，進入正題前的幾分鐘，以及每個人起身離開的最後時刻，這兩段時間能告訴你的事，通常超過中間的開會時間。也因此記者的信條是永遠不關掉錄音器材：最精彩的素材，永遠出現在訪談的開頭與結尾。

此外，如果碰上有人打斷會議，出現奇怪的交頭接耳，或是任何擾亂流程的事，此時也要特別觀察對方。有人打破客套時，人們的面具會微微出現裂痕。請留意是誰出現裂痕，以及其他人的口頭與非口頭回應。你可能因此挖到金礦。

不合理的事是中獎機會

學生常問我，黑天鵝是不是某種特定資訊，或是某種會派上用場的事。我每次都回答，任何可以左右發展但我們不知情的事，全是黑天鵝。

讓我講我一個ＭＢＡ學生的故事，各位就懂了。我學生在華盛頓一家私募股權不動產公司實習。他因為談判對象做的事不合邏輯，無意間靠著標籤，找到近年來我所見過最大的黑天鵝。

我學生負責做投資標的物的盡職調查，公司委託人請他調查南卡羅來納州查爾斯頓（Charleston）市中心某棟綜合用途建築物。我學生不熟悉查爾斯頓的市場，打電話給負責賣那棟樓的仲介，請對方提供資料。

我學生和主管討論完標的物與市場狀況後，認爲賣方開出的四百三十萬美元，大約貴了四十五萬。我學生再度打電話給仲介討論價格，以及後續事宜。

寒暄客套一番後，仲介問我學生覺得那棟樓如何。

「感覺還不錯，」我學生回答，「只可惜我們不熟當地房市。我們特別中意這棟房子位於市中心和國王街（King Street），但我們有很多疑問。」

仲介告訴我學生，自己已經負責當地市場超過十五年，熟得不得了。此時，我學生轉向「How」與「What」的校準型問題，多蒐集一點資訊，試探那位仲介有多能幹。

「太好了，」我學生說，「首先我想問，查爾斯頓有多受最近的不景氣影響？」

仲介回答得很詳細，用具體例子解釋市場正在好轉，展現自己的確十分熟悉那一帶。

我學生用標籤建立同理心：「聽起來我找對人了！」接著又問：「下一個問題：這類型的建築物資本還原率是多少？」

一來一往後，我學生得知資本還原率大約可達六％至七％，因爲學生很喜歡租那類型的房屋。當地有一所學生數不斷增加的大學，而且六成學生住校外。

我學生還得知，如果要在附近買下土地蓋類似大樓，將極爲昂貴，而且不太可能找到空地。過去五年，因爲古蹟維護法的緣故，那條街上不曾有新建案。仲介說就算眞的買到地，光是蓋樓，就得花兩百五十萬美元。

仲介說：「這棟房子屋況很好，遠遠勝過其他學生常租的地方。」

我學生用標籤引房仲說出更多資訊：「這棟房子聽起來比較像很棒的宿舍，而不是一般的家庭式公寓大樓。」

成功了。

仲介說：「沒錯，算幸運，也算不幸。這棟樓的入住率一向是百分之百，是金雞母，不過大學生就是大學生……」

我學生腦中突然亮起一個燈泡：這可眞怪。**城市景氣好，學生數正在增長，還是校園旁入住率百分之百的大樓。如果真是金雞母，怎麼有人想賣？**不管怎麼想都不合理。我學生有點想不透，不過依舊處於談判心態的他，貼了一個標籤，而且是**不小心貼上錯誤標籤**，仲介因爲糾正他的錯誤，才自己說出黑天鵝。

我學生說：「這種金雞母居然有人要賣，看來賣家一定不看好未來的房市基本面。」

仲介說：「其實是這樣的，賣家在亞特蘭大（Atlanta）與薩凡納（Savannah）的房產，比較沒那麼熱門，不得不脫手這棟樓，以便支付其他地方的貸款。」

賓果！我學生就這樣找到很棒的**黑天鵝**，原來賣家有先前不知道的**不得已苦衷**。

我學生在仲介介紹其他大樓時，按下電話靜音，趁這個空檔和主管討論價格。**主管立刻允許我學生出超低價——極端的錨點——試圖一口氣把仲介拉到最低價格**。

我學生問仲介，賣家是否急著脫手，得到「Yes」的答案後丟出錨。

「我大概知道了，」他說，「我們願意出三百四十萬。」

仲介回答：「好，這個數字遠低於開價，不過還是可以問問看賣家，看他怎麼樣。」

稍晚的時候，仲介給了回音。賣家告訴他，三百四十萬太低，不過自己願意接受三百七十萬。我學生差點摔下椅子，因爲三百七十萬遠低於他的目標價。不過，他沒有立刻答應——沒有**小贏一點就算了**——他繼續殺價，沒說「No」就拒絕對方的開價。

「三百七十萬已經接近我們的估價，」他說，「不過我們很難付超過三百五十五萬。」

（後來我學生告訴我，我也同意，當時他應該用標籤或校準型問題，讓房仲自己降價。不過他當時被賣家降了那麼多錢嚇了一跳，才回到老派的討價還價。）

「賣家只授權我降到三百六十萬。」仲介回答。他顯然沒在談判課上學過**艾克曼法，也沒學過要轉移話題，避開討價還價。**

主管比手勢告訴我學生，三百六十萬ＯＫ，同意了那個價格。

剛才這個例子，說明我學生是如何靠著幾個技巧，替公司談到漂亮價格：**透過標籤與校準型問題，測試對方心有餘而力不足的地方，找出美麗黑天鵝。**

此外，值得一提的是，我學生事先做過大量功課，預先準備好標籤與問題，因此仲介提供黑天鵝時，他才有辦法一下子撲上去。

我學生一得知賣家賣房子，爲的是替其他表現不佳的投資支付貸款，就知道得抓住時機。

當然，這個例子還有許多改善空間。事後學生告訴我，自己當初不該那麼快就拋出超低價，應該趁機討論其他房子，搞不好那名賣家手上，還有其他值得投資的機會。

此外，他應該進一步建立同理心，靠標籤或校準型問題找出「未知的未知」，例如：「你覺得目前哪些市場表現不太好？」甚至直接與賣方見面。

雖然還有進步空間，但幹得好！

克服恐懼，達成人生目標

一般人害怕和別人起衝突，也因此會避開有意義的討論，擔心事情一發不可收拾，談一談變成拉不回來的人身攻擊。此外，我們還常常因為害怕別人覺得我們貪心或自私，不對身邊的人明講自己要什麼，甚至處處讓步，讓事情就那樣算了，把不高興藏在心裡，害得感情漸漸淡去。大家都聽過那種故事，從不吵架的夫妻，有一天突然離婚。

家庭問題反映人性害怕衝突的心理，政府與企業也有類似情形。除了少數天生的高手，每個人一開始都討厭談判。談判讓人們手掌出汗，心中冒出「戰或逃」的直覺式反應（主要是逃），腦子像喝醉一樣找不到路。

談判時臨陣退縮是多數人很自然的第一反應，他們會棄權逃跑。光是想到要拋出極端錨點，人們就嚇死了。那就是為什麼在廚房、在董事會上，大家的心態是見好就收。

然而，讓我們停下來想一想。我們**真的**害怕桌子對面那個人嗎？我可以向各位保證，除了極爲少數的例外，對方不會出手揍我們。

我們發汗的手掌，不過是生理上的恐懼，少少幾個神經元因爲人類的天性，一下子胡亂啓動：天性讓我們想和同胞處得來。我們害怕的不是桌子對面那個人，而是怕起衝突。

我希望本書至少能協助大家克服衝突帶來的恐懼，知道可以靠同理心一路過關斬將。不論各位想當優秀的談判者，優秀的管理者，或是想當好丈夫、好老婆，我們得克服恐懼，別理心中那個叫我們「算了」的聲音，做就對了。此外，也不要管那個要我們大吼大叫的聲音。

談判要談得好，生活要活得好，最基本的一件事，就是接受衝突是不可避免的事。不要忘了，本書反覆強調，眞正的敵人其實是當下的狀況。表面上與我們起衝突的人，其實是我們的夥伴才對。

許多研究顯示，爲了達成目標而起的善意衝突，反而能讓雙方一起想辦法解決問題。有經驗的談判高手知道如何靠衝突推動談判，而不是和對方吵起來。

不要忘了，努力爭取自己相信的事不叫自私，也不叫脅迫。爲信念而戰，不是光爲了我們自己。大腦掌管恐懼的杏仁核會叫我們放棄，叫我們逃跑，對方說得對，我們這樣太無情。

然而如果你是誠實、有分寸的人，只是想得到公道，你可以不要管杏仁核。

本書的談判法教大家大量蒐集資訊，靠同理心達成最佳協議。這個方法的目的是挖掘出有用資訊，就這樣而已，非常單純，跟恫嚇無關，也跟給別人難堪無關。

問校準型問題時，沒錯，我們是在把對方引導到我們的目標，然而也是在帶對方檢視並說出自己要什麼，找出爲什麼他們想要那樣東西，以及怎麼樣才能讓事情成眞。我們是在要對方發揮創意，促使他們想出通力合作的辦法。

我買下我的紅色愛車 4Runner 時，的確是讓賣車人員少賺了一點，然而我也讓他達成銷售配額。此外，我付的車錢，絕對多過銷售據點付給豐田的錢。如果我唯一的目的是「贏」、是讓車商難堪，我會乾脆偷走車。

因此，在本書的最後，我要請大家做一件事：不論是在辦公室，還是在家中飯桌旁，請不要避開誠實、明確的衝突。各位會因此買到最便宜的車，爭取到最高的薪水，還會募到最多錢。此外，開誠布公能挽救你的婚姻、友誼與家庭。

要當談判高手，要當好人，就得運用同理心，仔細聆聽別人說話，清楚表達自己的意思；我們要尊重別人，尊重自己。此外，最重要的事，就是誠實面對雙方要什麼、雙方能做到什麼——以及做不到什麼。每一場談判，每一場對話，人生的每一個時刻，都是一連串小型衝突。要是處理得宜，反而能靠創意讓事情更美好。

請把衝突當成讓人生更美好的機會。

■本章重點回顧

無知可能害我們丟掉性命，或是害協議胎死腹中。反過來講，找出先前不知道的事，就能改變談判方向，出乎意料大獲全勝。

不過，找到黑天鵝——威力強大的**未知的未知**——基本上並不容易，因爲我們不會知道要問什麼問題。不曉得有什麼寶藏，就不曉得要到哪裡挖。

本章介紹了逼出黑天鵝並加以運用的最佳方法。別忘了，另一方可能根本不曉得自己知道的資訊有多重要。就算知道，他們也不該透露。因此，請記得一直發問，一直找，一直蒐集資訊。

■讓你知道的事（**已知的已知**）引導你，但不要墨守成規。每一場談判都是新談判，要保持彈性，隨機應變。別忘了葛林芬銀行危機事件：先前挾持人質的歹徒，從來不曾在最後期限殺害人質，但葛林芬打破這個假設。

■黑天鵝可以加乘槓桿力量。不要忘了，槓桿有三種：正面槓桿（讓別人如願以償的能力）、負面槓桿（傷害他人的能力）、道德槓桿（靠對方的道德觀說服對方）。

■ 努力理解對方的「宗教」。挖掘他們的世界觀，挖掘談判桌以外的事，找出對方的人生發生什麼事，找出他們心中的感受，以及其他所有事。黑天鵝就躲在那。

■ 回顧從對方聽來的一切事情。我們不會第一次就聽見所有事，所以要回顧，和隊友交換一下筆記。也可以請隊友負責聽出對方的言外之意，抓到我們沒聽到的事。

■ 利用同類相吸原則。人們對於同一國的人，比較願意讓步。請找出對方重視的事，讓對方知道你們兩方有共通之處。

■ 我們認爲對方不理性、跟瘋子沒兩樣的時候，通常他們沒瘋。碰到這種情況時，請找出對方的難言之隱，他們私底下的盤算，或是他們聽到什麼錯誤資訊。

■ 和對方見個面。見面十分鐘得到的資訊，通常超過私底下花數天研究。

請特別留意對方在不設防的時刻，以口頭與非口頭方式傳達出來的事，例如會議的開頭與尾聲，或是有人說話出乎意料的時刻。

謝辭

如果沒有我兒子布蘭登的協助，這本書不可能問世。自從我在喬治城大學任教，布蘭登就協助我發想相關概念。最初，他只是在教室裡錄下上課情形，但也給我建議，告訴我課堂氣氛如何，哪些教材合適。老實講，其實布蘭登自兩歲起，就在和我談判。我自從知道他在高中惹麻煩後，靠著同理心讓副校長放他一馬，就知道他有談判能力。我第一次和本書傑出的共同作者塔爾・拉茲見面時，布蘭登也在現場協助解釋資訊。我第一次和本書太優秀的出版人員何莉絲・辛波（Hollis Heimbouch）見面時，何莉絲問起布蘭登扮演的角色，拉茲回答有布蘭登在，就像是克里斯在。布蘭登扮演著不可或缺的角色。

拉茲是完完全全的天才，少了他的商業書，精彩度會大減。他聰明絕頂，什麼事一聽就知道，是眞正的商業寫作藝術家，也是最好的夥伴。

我的經紀人史蒂夫．羅斯（Steve Ross）是好人，也是本書的最佳代言人，他擁有豐富的產業知識，還讓本書成眞，能認識他是我的福氣。

何莉絲令人熱血沸騰！她帶領著優秀的哈潑柯林斯（HarperCollins）團隊，而且還相信這本書相信到買下它，謝了，何莉絲。

瑪雅．史蒂芬森（Maya Stevenson），感謝妳加入黑天鵝團隊，讓大家團結一心。我們能走得更遠，都是因爲妳。

席拉．西恩與約翰．理查森（John Richardson）太優秀了。他們證明人質談判概念也適用於商業世界。席拉是我在哈佛法學院碰到的老師，她的教學方式與她本人，給了我眾多啓發，還在兩年後邀我和她一起教書。約翰則是在一年後，邀我一起教他的哈佛國際商務談判課程（International Business Negotiation），一路帶著我，讓我有機會到喬治城大學教課。約翰和席拉替我開啓新的人生道路。沒有他們，我不曉得自己今天會身處何方。感謝你們二位。

蓋瑞・內斯納是我在ＦＢＩ的導師，他啓發與重新打造了人質談判世界（危機談判小組也是他的好助手）。不論我想做什麼，蓋瑞都支持我，還讓我擔任ＦＢＩ首席國際綁架談判人員。我可以在早上五點打電話過去，通知我三小時內要搭飛機去解決綁架案，他會說：「去吧」，永遠支持著我。蓋瑞把最優秀的談判人員，統統集合到危機談判小組，締造小組的全盛時期，當時我們沒有任何一個人知道自己多幸運。約翰・弗羅德（John Flood）、文森・達芳佐（Vince Dalfonzo）、查克・瑞吉尼、維妮・米勒、曼尼・蘇瑞滋（Manny Suarez）、丹尼斯・布瑞登（Dennis Braiden）、尼爾・普特爾（Neil Purtell）、史蒂夫・羅曼諾（Steve Romano）全是一等一的人才，我從大家身上學到太多東西。我不敢相信，查克居然忍受我當他的夥伴。丹尼斯是好導師、好朋友，還有我經常與文森交換意見，他的優秀讓我成長。

ＦＢＩ緊急事件應變團隊的全體成員，也教會我許多事，謝謝你們。

湯米・柯瑞根（Tommy Corrigan）與約翰・里古歐力（John Liguori）是我在

紐約市的好兄弟，我們三個人一起闖蕩。一直到了今天，柯瑞根依舊啓發著我。當年我有幸能加入聯合反恐特遣隊，和大家一起打擊犯罪。里奇・德費利波（Richie DeFilippo）與鮑杜是危機談判組的得力助手，感謝你們兩位教會我一切。

紐約警方人質談判小組（Hostage Negotiation Team）的休・麥可葛文（Hugh McGowan）與鮑伯・羅登（Bob Louden）與我分享他們的智慧。你們兩位是人質談判世界不可或缺的資產，謝謝你們。

華盛頓特區都會區的德瑞克・岡特（Derek Gaunt）是非常重要的好幫手，有他在，就搞定了。謝了，德瑞克。凱西・艾琳沃斯（Kathy Ellingsworth）與去世的丈夫比爾（Bill）是給了我無數建議的多年好友，謝謝你們的支持與友誼。湯姆・史垂滋（Tom Strentz）是ＦＢＩ人質／危機談判計劃教父，也是永遠支持我的朋友。我不敢相信他今天依舊接我電話。

我在喬治城大學與南加大的學生，一再證明本書的概念走到哪都行得通。當我看著他們說出：「六十秒內給我一輛車，不然她就死定了。」他們不只一個人屏住呼吸。感謝你們一路上的陪伴。喬治城大學與南加大是世上最好的教書地點，兩所學校都致力於以最高學術水準提供高等教育，努力讓學生成功。

允許我在最黑暗的時刻伸出援手的人質與家屬，上帝祝福你們。我萬分感激一直到了今天，依舊能與你們其中某些人保持聯絡。上天究竟爲什麼要讓某些人有某些遭遇，我不懂背後的智慧，但我因你們的禱告蒙福（人質談判需要全宇宙的助力）。

附錄
談判總整理

談判其實是一場心理調查。各位只需要做我公司建議所有客戶做的簡單準備，就能信心十足地上場。本附錄提供的清單，列出可能派上用場的重要談判工具，例如替每一場談判量身打造的標籤與校準型問題。

壓力兵臨城下時，不要急著站出去，要做好最萬全的準備。

在我詳細介紹談判準備之前，先提醒大家一件事：有的談判專家把預做演練奉若神明，建議客戶先寫好劇本。談判會如何開展、協議會採取什麼形式與內容，統統先預設好。然而，各位都讀到這裡了，應該知道爲什麼那種做法無異於刻舟求劍，不但會讓自己在談判桌上失去靈活度與創意，還會落後於懂得隨機應變的對手。

依據我公司的經驗，我認爲良好的初期準備，將至少替每場談判帶來七比一的時間報酬率，省下反覆談判與釐清執行辦法的工夫。

娛樂產業爲了宣傳銷售用途，會用被稱爲「一頁」（one sheet）的單一文件摘要產品特色。我們也可以模仿這個概念，利用談判的「一頁總整理」，摘要列出上場時會用到的工具。

談判總整理分爲五部分：

第一部分：目標

想一想最理想與最糟糕的情形，但只寫下代表最佳結果的特定目標。

談判專家一般會建議靠列清單做準備：你的底線、你的眞實目標、達成目標的方法，以及你要如何反駁對手的論點。

然而，這種典型的準備法有幾個問題。首先，這種方法缺乏想像力，可以預見談判互動將變成各退一步的討價還價。換句話說，的確會談出結果，但通常是普普通通的結果。

傳統準備的重點與最大的弱點，在於「BATNA」。

費雪與尤瑞在一九八一年的暢銷著作《哈佛這樣教談判力》中提出「BATNA」一詞，意思是「談判協議的最佳替代方案」（Best Alternative To a Negotiated Agreement）。簡單來講，就是談判失敗時的最佳選項、最後的退路。舉例來講，如果你想賣掉自己的二手車 BMW 3 系列，如果已經有車商提供書面開價，願意用一萬美元收購，把車賣給那家車商，就是你的「BATNA」。

「BATNA」的問題是我們會落入「無魚，蝦也好」的陷阱。研究發現，人類在碰上談判這種複雜的高壓情境時，只能維持有限的專注力。因此，一旦開始談之後，我們很容易被最影響心理的事吸引過去。

此時，我們因爲一直想到「BATNA」，「BATNA」變成了我們的目標、我們開口要求的上限。我們花了數小時想著「BATNA」後，只要是比那好的選項，心中就會讓步。

「別要求太多」的念頭實在太誘人。自尊是談判時十分重要的關鍵，許多人會設定小目標，以求保護自尊。目標設得很低時，很容易就能說談判成功了。因此，有的談判專家表示，許多人以爲自己設定了「雙贏」（win-win）目標，但其實只是擁有「有就好」（wimp-win）心態。這種類型的談判者把目光放在底線，最終也只拿到底線。

好，如果重點不能擺在「BATNA」，那要擺在哪裡？

我一向告訴客戶，做準備時，應該想著極端的結果：最佳與最糟結果都要想一想。知道最理想的情況是怎麼樣，最糟是怎麼樣，就會不再害怕。因此，各位要找出自己無法接受什麼，也要知道最皆大歡喜的結果是什麼，不過別忘了，在準備階段，我們尚未從另一方身上得到資訊，因此最好的結果，很可能還勝過想像。

記住，永遠不要覺得「這樣就好」，即使有好東西也不爭取。把心態調整好，要自己有彈性，就能帶著制勝的心態坐上談判桌。

舉例來說，假設你想賣掉舊喇叭，因爲你需要一百美元買新喇叭。如果一直想著最少要拿到一百，聽見有人說要出一百，你就會鬆懈，最後就只拿到一百。然而，如果知道舊喇叭在二手音響店可以賣到一百四，可以把目標價提高到一百五，如果有人出更高，當然更好。

我建議客戶要想像最佳/最糟情形，讓心中有個底。不過，做談判準備時，把目光放在最高目標就好，靠著人性心理，給自己全力以赴的動力，讓自己覺得只要有任何條件不符合目標，就是「失去」。學界過去數十年來的目標設定研究發現，設定明確、挑戰性高、但有可能辦到的目標，最後得出的結果，將勝過沒設目標或只是「盡力而為」的組別。

談判的基本道理就是「要得多（要說出來），得到的也多」。

設定目標的四步驟包括：

- 設定樂觀但合理的目標，而且要定得一清二楚。
- 寫下來。
- 與同事討論目標（話說出去之後，我們就比較不容易臨陣退縮）。
- 把寫好的目標帶進談判。

第二部分：摘要

用一兩句話做摘要，寫下已知事實：為什麼會有這場談判。

除了爲自身著想的「我要什麼」，我們還得有可以和別人談的東西。此外，我們得準備好用戰術同理心來回應另一方的主張；除非另一方不會談判，否則他們會用對自己有利的方式詮釋事實。

一開始，就要讓雙方有共同的理解。

各位得先清楚描述情形，才有辦法就事論事。你爲什麼要談判？你想要什麼？對方想要什麼？爲什麼？

你必須用對方會回答「沒錯」的方法摘要情況。如果對方沒說出這兩個字，代表尚未抓到重點。

第三部分：標籤／清查指控

準備三至五個標籤，清查指控。

預測你剛才摘要的事實，將帶給另一方什麼感受。用簡潔的方式，寫下對方可能提出的一切指控——再不公平、再荒謬也一樣。接著，替每一項指控想出標籤，不要超過五個，接著角色扮演一下。

不論是什麼情境，幾乎都可以靠著後列的標籤填空，從另一方口中挖出訊息，或是削弱指控的力道：

「對您來說似乎很重要。」

「您似乎不喜歡＿＿＿＿。」

「您似乎很重視＿＿＿＿。」

「看來＿＿＿＿會讓事情容易一點。」

「您似乎不願意＿＿＿＿。」

舉例來講，如果你正在重談公寓租約，希望能分租，但也知道房東反對，你可以準備的標籤包括：「您似乎覺得分租不是好事」，或「您似乎希望房客別來來去去」。

第四部分：校準型問題

準備好三至五個校準型問題，找出自己和對方看到的事，挖掘潛在的破局因素並加以解決。

談判高手不只會看對方表面上的立場（對方要求**什麼**），還會找出潛藏的動機（**是什麼讓他們想要那樣東西**）。動機來自對方擔心的事、希望的事，甚至是渴求的事。

找出對方擔心的事，聽來簡單，然而我們對於談判的基本人性預期，卻讓我們不想那麼做。多數人假設，另一方的需求將抵觸自己的需求。我們的眼界侷限在自己的問題上，忘記對方從自己特定的世界觀出發時，也想著自己的問題。談判高手會不斷挖掘另一方的**真實動機**，眼中不會只有自己。

哈利波特作者J．K．羅琳（J. K. Rowling）寫過一段話，很能說明這個概念：「你必須接受其他人的事實。你以為事實是可以談的，你說了算。你必須接受，我們眼中的事實和你眼中的事實一樣眞實；你必須接受自己不是上帝。」

有幾個「What」（什麼）與「How」（如何）問題，幾乎可說是一體適用，例如：

我們試圖想做到什麼？
那件事值得做的理由是什麼？
主要議題是什麼？
那會如何影響事情？
眼前最大的挑戰是什麼？
這件事和目標的關聯是什麼？

靠問問題，找出讓談判破局的幕後人士

如果是由委員會負責執行協議，委員會的支持是關鍵。請視情況運用校準

型問題，找出不在談判桌上的人士的動機：

這件事將如何影響您其他的團隊成員？

沒參加這場會議的人，他們多支持這件事？

您同事認爲這方面最主要的挑戰是什麼？

靠問問題，找出讓談判破局的議題，並加以解決

會在內部影響談判的人，通常是最想維持現狀的那群人。改變現狀可能讓那群人臉上無光，就好像他們先前做得不好，所以才需要改變。此類談判棘手的地方，在於如何在改變時替對方保留面子。

各位會很想把焦點放在錢上頭，然而你得先放下錢的事。談判有高到驚人的比例，重點其實是自尊、地位、自主權，以及其他無關金錢的需求。

我們要考量的重點是對方覺得自己會失去什麼。永遠別忘了，「失去」帶

來的痛苦，永遠至少是「得到」帶來的喜悅的兩倍。

舉例來說，談判桌對面的那個人，雖然他需要安裝你賣的新型會計系統，但一直猶豫不決，因爲四個月後，他將接受年度績效考察，不想在那之前搞砸任何事。因此，你該做的不是降價，而是自請在他主管面前美言幾句，並且讓對方安心，保證絕對在九十天內裝好系統。

靠問問題，挖掘讓談判破局的深層議題

我們要解決的事，究竟是什麼？

您面臨的最大挑戰是什麼？

與我們合作會如何影響事情？

如果您不行動，會發生什麼事？

不行動要付出的代價是什麼？

做成這筆交易，可以如何在您公司引以爲傲的事情上，助您一臂

之力？

這幾個問題十分類似，可以一次拋出兩三個，協助對方從不同角度思考同一件事。

當然，每個情境都不一樣，然而問正確的問題，將可讓對方透露自己想要什麼、需要什麼——還能鼓勵他們從我們的角度看事情。

準備好在對方回答校準型問題後，替答案貼上標籤。

事先準備好標籤的好處，在於我們將可快速把對方的回應，再度拋到他們身上，讓他們不斷說出新資訊，解釋先前的答案。事先準備好填空式標籤，當場就不用再花太多力氣去想：

________似乎很重要。

您似乎覺得，我的公司適合________。

您似乎在擔心________。

第五部分：除了錢，另外可以提供的東西

列出對方手中擁有、可能極具價值的東西。

問一問自己：「對方如果給我們什麼，我們就算沒錢也願意做？」各位可以回想一下前文律師協會的故事：和我接洽的聯絡人，希望盡量壓低訓練費，好讓自己在董事會面前有面子。最後我們雙方想出解決辦法，除了基本費用，他們讓我登上律師協會的雜誌封面。對他們來講，讓我上封面不需要什麼成本，卻讓我答應授課的意願大增。

註釋

第1章 新世代的談判規則

1 Robert Mnookin, *Bargaining with the Devil: When to Negotiate, When to Fight* (New York: Simon & Schuster, 2010).

2 Roger Fisher and William Ury, *Getting to Yes: Negotiating Agreement Without Giving In* (Boston: Houghton Mifflin, 1981).

3 Daniel Kahneman, *Thinking, Fast and Slow* (New York: Farrar, Straus & Giroux, 2011).

4 Philip B. Heymann and United States Department of Justice, *Lessons of Waco: Proposed Changes in*

Federal Law Enforcement (Washington, DC: U.S. Department of Justice, 1993).

第2章　當一面鏡子

1 George A. Miller, "The Magical Number Seven, Plus or Minus Two: Some Limits on Our Capacity for Processing Information," *Psychological Review* 63, no. 2 (1956): 81-97.

第3章　重點不是感同身受，而是說出對方的痛苦

1 Greg J. Stephens, Lauren J. Silbert, and Uri Hasson, "Speaker-Listener Neural Coupling Underlies Successful Communication," *Proceedings of the National Academy of Sciences of the USA* 107, no. 32 (August 10, 2010): 14425-30.

2 Matthew D. Lieberman et al., "Putting Feelings into Words: Affect Labeling Disrupts Amygdala Activity in Response to Affective Stimuli," *Psychological Science* 18, no. 5 (May 2007): 421-28.

第4章　小心「YES」——掌握「NO」的藝術

1 Jim Camp, *Start with NO: The Negotiating Tools That the Pros Don't Want You to Know* (New York: Crown Business, 2002).

第6章 扭轉對方眼中的現實

1 Herb Cohen, *You Can Negotiate Anything* (Secaucus, NJ: Lyle Stuart, 1980).
2 Antonio R. Damasio, *Descartes' Error: Emotion, Reason, and the Human Brain* (New York: Quill, 2000).
3 Jeffrey J. Fox, *How to Become a Rainmaker: The People Who Get and Keep Customers* (New York: Hyperion, 2000).
4 Daniel Ames and Malia Mason, "Tandem Anchoring: Informational and Politeness Effects of Range Offers in Social Exchange," *Journal of Personality and Social Psychology* 108, no. 2 (February 2015): 254-74.

第7章 營造把主控權交給對方的氛圍

1 Kevin Dutton, *Split-Second Persuasion: The Ancient Art and New Science of Changing Minds* (Boston: Houghton Mifflin Harcourt, 2011).
2 Dhruv Khullar, "Teaching Doctors the Art of Negotiation," *New York Times*, January 23, 2014, http://well.blogs.nytimes.com/2014/01/23/teaching-doctors-the-art-of-negotiation/, accessed September 4, 2015.

第 8 章　保證執行

1 Albert Mehrabian, *Silent Messages: Implicit Communication of Emotions and Attitudes*, 2nd ed. (Belmont, CA: Wadsworth, 1981), and Albert Mehrabian, *Nonverbal Communication* (Chicago: Aldine-Atherton, 1972).

2 Lyn M. Van Swol, Michael T. Braun, and Deepak Malhotra, "Evidence for the Pinocchio Effect: Linguistic Differences Between Lies, Deception by Omissions, and Truths," *Discourse Processes* 49, no. 2 (2012): 79-106.

第 9 章　全力討價還價

1 Gerald R. Williams, *Legal Negotiations and Settlement* (St. Paul, MN: West, 1983).

2 Marwan Sinaceur and Larissa Tiedens, "Get Mad and Get More than Even: The Benefits of Anger Expressions in Negotiations," *Journal of Experimental Social Psychology* 42, no. 3 (2006): 314-22.

3 Daniel R. Ames and Abbie Wazlawek, "Pushing in the Dark: Causes and Consequences of Limited Self-Awareness for Interpersonal Assertiveness," *Personality and Social Psychology Bulletin* 40, no. 6 (2014): 1-16.

第10章　發現黑天鵝

1 Nassim Nicholas Taleb, *Fooled by Randomness: The Hidden Role of Chance in Life and in the Markets* (New York: Random House, 2001).

2 Nassim Nicholas Taleb, *The Black Swan: The Impact of the Highly Improbable* (New York: Random House, 2007).

3 Ellen J. Langer, Arthur Blank, and Benzion Chanowitz, "The Mindlessness of Ostensibly Thoughtful Action: The Role of 'Placebic' Information in Interpersonal Interaction," *Journal of Personality and Social Psychology* 36, no. 6 (1978): 635-42.

4 Deepak Malhotra and Max H. Bazerman, *Negotiation Genius: How to Overcome Obstacles and Achieve Brilliant Results at the Bargaining Table and Beyond* (New York: Bantam Books, 2007).

國家圖書館出版品預行編目(CIP)資料

FBI談判協商術：生活是一連串的談判,跟著首席談判專家創造成功協商/克里斯.佛斯(Chris Voss), 塔爾.拉茲(Tahl Raz)著 ; 許恬寧譯.
-- 二版. -- 臺北市 : 大塊文化, 2022.07
416面 ; 14.8×20公分. -- (touch ; 63)
譯自 : Never split the difference : negotiating as if your life depended on it

ISBN 978-626-7118-64-1(平裝)

1. CST : 談判 2.CST : 談判策略

490.17 111008887

LOCUS

LOCUS

LOCUS

LOCUS